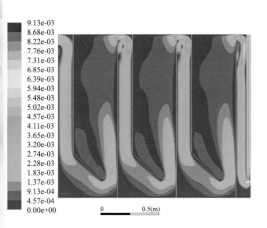

图2-17

水力滞留时间（HRT = 48 h）对暗发酵装置内流
场的影响

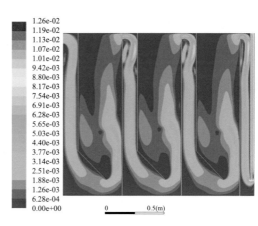

图2-18

水力滞留时间（HRT = 36 h）对暗发酵装置内流
场的影响

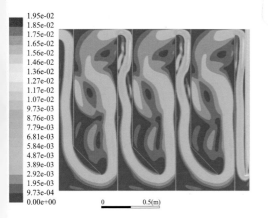

图2-19

水力滞留时间（HRT = 24 h）对暗发酵装置内流
场的影响

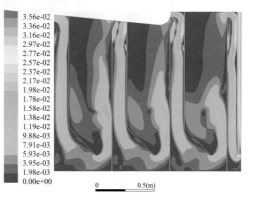

图2-20

水力滞留时间（HRT = 12 h）对暗发酵装置内流
场的影响

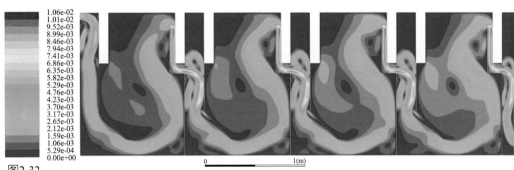

图2-32

水力滞留时间（HRT = 72 h）对光发酵装置内流场分布图的影响

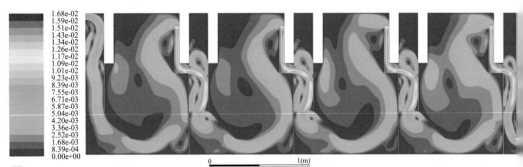

图2-33

水力滞留时间（HRT = 48 h）对光发酵装置内流场分布图的影响

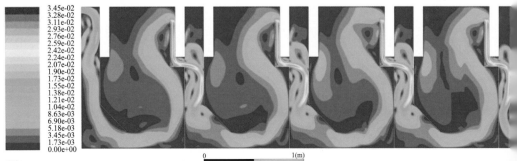

图2-34

水力滞留时间（HRT = 24 h）对光发酵装置内流场分布图的影响

Strengthening Mechanism and Technology of
Continuous Combined Dark-photo Fermentation Biohydrogen Production

连续流暗光生物制氢过程
强化理论与技术

路朝阳　著

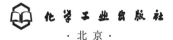

化学工业出版社

·北京·

内容简介

本书为作者研究团队多年从事连续流暗/光联合生物制氢过程强化与装置研究系列成果的总结。在概述生物制氢研究现状、生物制氢反应器研究现状的基础上,从理论、技术等方面系统地介绍了连续流暗/光联合生物制氢强化技术与装备研究,详细介绍了暗/光联合生物制氢装置设计过程、水力滞留时间和底物浓度对暗发酵生物制氢特性的影响规律、水力滞留时间和底物浓度对光发酵生物制氢特性的影响规律及连续流暗/光联合生物制氢特性,以期为连续流暗/光生物制氢技术的发展提供理论和技术支持。

本书主要面向生物质生化转化、农业废弃物资源化利用等方向的科研工作者,特别适用于生物制氢领域的研究工作者,期望能够对暗/光联合生物制氢、生物制氢反应器设计等科研工作者的研究提供帮助。

图书在版编目(CIP)数据

连续流暗光生物制氢过程强化理论与技术/路朝阳著.
—北京:化学工业出版社,2023.2(2023.8重印)
ISBN 978-7-122-43111-0

Ⅰ.①连… Ⅱ.①路… Ⅲ.①发酵工程-应用-制氢-研究 Ⅳ.①TE624.4

中国国家版本馆CIP数据核字(2023)第040827号

责任编辑:孙高洁 刘 军　　　　　　　装帧设计:王晓宇
责任校对:宋 玮

出版发行:化学工业出版社
　　　　　(北京市东城区青年湖南街13号　邮政编码100011)
印　　装:北京科印技术咨询服务有限公司数码印刷分部
710mm×1000mm　1/16　印张10¼　彩插1　字数170千字
2023年8月北京第1版第2次印刷

购书咨询:010-64518888　　　　　售后服务:010-64518899
网　　址:http://www.cip.com.cn

定　　价:88.00元

前言

随着我国碳达峰和碳中和目标的提出，传统化石能源带来的二氧化碳排放成为了各界关注的重点。氢能作为21世纪重要的能源载体，其具备热值高、无污染等优点，因此，氢能已经成为诸多学者的研究热点。

作者及其团队成员在国家重点研发计划、国家高技术研究发展计划（863计划）及国家自然科学基金项目等的资助下，长期开展光合生物制氢技术及理论研究，在暗/光联合生物制氢技术、生物制氢反应器设计及建造等方面取得了一系列的成绩。在暗发酵生物制氢、光发酵生物制氢、暗/光联合生物制氢、生物反应器设计、生物反应器建造等领域取得了积极成果，在国内外高水平期刊上发表了数十篇学术论文，申报授权了多项国际、国家发明专利，研究成果对生物制氢技术的发展起到了积极的推动作用。

本书是对连续流暗/光联合生物制氢过程强化与装置研究系列成果的总结。全书分为6章，比较系统地从理论、技术等方面介绍了连续流暗/光联合生物制氢强化技术与装备研究。在系统介绍生物制氢研究现状、生物制氢反应器研究现状的基础上，详细介绍了暗/光联合生物制氢装置设计过程、水力滞留时间和底物浓度对暗发酵生物制氢特性的影响规律、水力滞留时间和底物浓度对光发酵生物制氢特性的影响规律及连续流暗/光联合生物制氢特性。

全书由河南农业大学路朝阳教授撰写，张全国教授完成全书审稿，提出了很多宝贵的修改建议。农业农村部可再生能源新材料与装备重点实验室的博士研究生张甜、朱胜楠、刘虹、夏晨曦、王锴鑫和硕士研究生王广涛、张宁远、刘玲慧等也为本书的完成付出了辛勤的劳动。

本书是作者研究团队对暗/光联合生物制氢研究的成果总结，期望能为可再生能源领域的学者和学生提供一点理论和技术上的帮助。由于作者水平有限，书中难免存在不足和疏漏，敬请广大读者批评指正。

路朝阳

2022 年 12 月

目录

第 4 章　连续流光发酵生物制氢试验研究　　126

第 **1** 章

绪论

1.1　能源发展现状

能源是推动全球社会发展的动力，化石能源满足了当今世界快速发展大约85%的能源需求。自第一次工业革命以来，化石能源为世界工业化的快速发展做出了巨大的贡献。然而，化石能源大量使用的同时也带来了诸如环境污染、资源浪费、生态破坏、危害人类健康等大量的问题。随着资源导向性产业所占的比重越来越大，及社会经济的飞速发展，对能源需求量越来越大，造成了全球气候变化和环境污染等问题。这些现象给人类敲响了警钟，研究者们开始寻求一种不依赖于不可再生资源的新能源。氢能是一种非常理想的替代能源，因为它是所有已知能源中能量密度最高的能源，兼容性强，易于实现能量转化，不会造成环境污染和增强温室效应。然而，从目前的化石能源经济向氢能经济转变，在氢气生产、储存、传输和利用方面都还面临着很多技术挑战。

1.1.1　能源与社会发展

能源是助推人类文明社会快速发展的发动机，人类历史上的每次重大文明变革也同时伴随着能源的技术革命。美国在1859年开建了第一口现代化的石油井，这标志着人类由使用柴薪的"奴隶社会生产"和使用煤炭的"封建社会生产"进入到了使用石油的"资本社会生产"。随着现代工业化进程的加快，以石油、煤炭、天然气为代表的全球能源消耗量呈现连续上升趋势。2021版《世界能源统计年鉴》[1]显示，世界能源需求中心已经由欧美等发达国家转向以中国和印度为代表的高增长的发展中国家。中国的能源消费量占到了世界能源消费总量的26.1%，是世界上最大的能源消费国。

目前，全球能源消耗量已经开始有下降的趋势，三大主要消耗能源依旧是石油、煤炭和天然气，核能和水能呈现平稳趋势，而占比最少的可再生能源则呈现稳步增长趋势。随着不可再生资源不可逆转地减少和地球温室效应的加重，可再生资源在现今的能源结构中呈现越来越重要的作用。

石油是支撑目前现代工业发展的重要基石，但是石油的不均衡分布及资源枯竭化正在威胁着中国乃至世界的发展。2020年世界石油和天然气的主要贸易流向：2020年世界石油贸易平均年增长率降低76.0%，中国依旧保持8.8%的增长速率。全球石油能源贸易呈现十分活跃的状态，其活跃度和当地的经济发展有着直接的关系，中国作为目前世界上第二经济体国家，受到世界各国的关注。2020年全球天然气贸易也呈现活跃的状态，主要贸易流向为世界天然气能源大国到经济体高速发展国家，中国亦是重要的贸易方。

2020年世界人均石油消费量主要集中在发达国家和原油生产地区，中国人均消费量低于世界平均水平。2020年世界人均天然气消费量呈现严重不均衡现象，人均天然气高消费主要集中在北美、俄罗斯、中东等地区，这是由当地的能源结构和生产方式所造成的。

全球煤炭产量和消费呈现平稳下降趋势。尽管煤炭仍然是中国的主要能源燃料，但近年来其产量和消费量基本保持下降趋势。表明中国已经逐年降低对煤炭的依赖，在能源结构中的占比逐渐向其他能源方式过渡。

在可再生能源领域，中国已经成为世界最大的可再生能源消费国，消费量在2009～2019年间保持着28.9%的增长速率，2020年也保持着15.1%的增长速率。中国作为世界上经济体排名第二和全球经济增量最快的国家，其对能源的需求仍在不断增大。另外，近年来中国开始大力发展可再生能源。

全球核能总体呈现平稳发展趋势，近年来亚太地区核能发展呈现增长趋势，其中中国的核能增长量为亚太总体增长量做了很大贡献。除了亚太地区，全球其他地区的水能消费量呈现平稳上升趋势，而亚太地区水能消费量呈现快速上升趋势，中国近年来在水能发展上也投入了大量的精力。

随着人类的生态意识和不可再生资源保护意识的不断提高，可再生能源的普及率正在逐年提高。近年来，太阳能、风能、核能、水能、生物质能等多种新能源的研究和利用也得到了社会的大力支持[2-4]。

1.1.2 氢能特点

在科技进步和生态保护要求的共同推动下，全球能源供应正在向着更清洁、更低碳的可再生能源方向发生转变。在各式各样的可再生能源中，氢能因其多种优点被认为是最有前景的可再生能源。

氢燃料是一种很有前景的替代传统化石燃料的新型能源，因为它有可能避免化石燃料燃烧所产生的所有环境问题。氢能由于其可再生性和燃烧后只有水生成的特性，被认为是未来能源。氢是自然界中最丰富的元素，其性质非常活跃。水覆盖了地球表面的70%，总体积达到13.7亿立方米。氢占水分子质量的1/9，所以说地球上氢能储备量非常大，可以达到1.4×10^{17}t。氢能作为能源具有诸多优点：

① 氢气不含有碳元素，燃烧后产物只有水，不会产生二氧化碳等温室气体，不会造成环境污染；

② 氢气热值高，其热值可达到122kJ/g，是汽油热值的3倍，是煤炭的5倍；

③ 氢气资源量丰富，可以通过石油气重整、电解水、生物制氢等多种方式获得；

④ 氢气具有多种用途，可广泛应用在临床医学、石油化工、电子工业、食品加工、航空航天等方面；

⑤ 氢气易于运输，相对于传统的石油和煤炭等能源，氢气可以通过液化和固化来储存和运输，并且可以通过管道、槽罐等方式实现远距离输送。

1.1.3 氢能的主要来源

氢气可以通过许多方式生产，包括电解水、化石能源的热催化重整和生物方法等[5]。目前工业化生产氢气主要通过电解水和甲烷蒸汽重整转化而来。然而这些方法不仅需要消耗大量的一次能源，还会造成严重的环境污染，因此急需寻求一种高效、清洁、低成本的氢气生产方式。近年来，生物制氢成为一种新兴的制氢方式而逐渐受到人们的关注，主要包括直接生物分解制氢、间接生物分解制氢、光发酵制氢和暗发酵制氢等方式。生物制氢可以利用工农业废弃物和城市生活污水等来制取清洁的氢气能源，从而成为缓解环境污染和生产清洁可再生能源的最佳方式[6,7]。

石油气催化重整制氢是利用石油、煤炭、天然气等为原料，经过气化和催化重整等方式，生成氢气、一氧化碳、甲烷和乙烯等物质。这种方式是现在最为成熟的制氢方法，占到目前制氢比例的96%左右。这种方法存在的主要问题就是在高温下会生成乙烯和乙烷等副产物，这些烃类物质会导致催化剂的失活。研究者们发现，可以通过氧化蒸汽重整法来抑制乙烯和乙烷等烃类物质在重整过程的累积，通过反应物的氧与烃类碳反应来提高催化剂的稳定性。然而这种方法不仅需要消耗大量的不可再生化石能源，并且制氢过程需要提供超过1000℃的高温[8]。

电解水可以直接将水电解分离成氢气和氧气，但是这种技术需要消耗很高的能量50～60 [(kW·h)/kg H_2]。1789年，科学家首次观察到电解水，随后这一技术得到了不断改进和广泛应用。电解水制氢主要包括碱性电解槽制氢、聚合物薄膜电解槽制氢和固态氧化物电解槽制氢三种制氢方式。碱性电解槽制氢法研究时间长、技术成熟，但其效率低于其他两种电解水方法[9]。1966年，由通用电气公司研发成功的聚合物薄膜电解槽制氢法利用了离子交换技术，这种电解槽不需要电解液，只需要纯水，安全性较高，化学性稳定，效率很高，气体分离性良好，但是由于电极处使用铂等高成本的贵重金属，很难投入工业化生产[10]。固体氧化物电解槽制氢法从1972年开始发展，效率较高，并且通过利用余热使得总效率可达90%以上，并且制造成本较低，是目前电解水制氢方式的研究热点[11]。

生物制氢是产氢微生物通过光照或者发酵等方式在自身的代谢过程中将有机质或者水转化为氢气[12]。生物制氢主要包括暗发酵制氢、光发酵制氢、暗/光联合制氢和光解水制氢四种方式[13]。生物制氢不依赖于传统石油化石能源，而以工农业废弃物等为产氢底物，在消除废弃物的同时，产生清洁的可再生能源。生物制氢具有可利用底物范围广、产氢条件温和、产氢速率快等优点[14,15]，但产氢成本高、光能转化效率低、底物转化率低等问题依然亟待解决。研究者们在高效产氢菌株的筛选、高效产氢反应器的设计、产氢工艺的优化、混合菌落演变过程、反应抑制物去除和连续产氢稳定性等方面进行了大量的研究[16]。

1.2 生物制氢的研究现状

1.2.1 生物制氢的特点

相比技术已经成熟的电化学制氢方法，生物制氢具有诸多的优点：

① 不依赖不可再生资源。生物制氢以工农业废弃物或者有机废水等为产氢底物，在消除废弃物的同时，产生清洁的可再生氢能能源。规模化生物制氢的发展将对工农业废弃物资源及能源作物的开发利用起到巨大的推动作用，并且产生客观的经济利润。

② 生物制氢反应条件温和。生物制氢反应过程安全可靠、运行稳定。便于根据原料分布区域性建设不同规模的工业制氢装置，就地变废为宝，降低制氢成本。

③ 生物制氢方式多样。绿藻和蓝藻等利用光能进行光解水制氢，光发酵细菌在光能的作用下降解有机物产氢，暗发酵细菌在不依赖光源条件下降解有机物进行产氢等[17,18]。

1.2.2 生物制氢的主要方式

（1）光水解生物制氢

一部分产氢微生物可以通过光水解产氢方法将太阳能转化为可以储存的化学能。

$$2H_2O \xrightarrow{\text{光能}} 2H_2+O_2 \qquad (1\text{-}1)$$

绿藻在厌氧条件下对二氧化碳进行固定，同时可以将氢气作为电子供体或者直接释放氢气，这是因为绿藻体内诱导合成的氢气代谢产氢酶以及可逆氢化酶，氢化酶催化H^+与电子（通过还原铁氧还蛋白获得）形成并释放氢气[19]。

藻类会通过光合作用氧化水并释放出氧气。光系统Ⅱ吸收的光能通过光系统Ⅰ吸收的光能，可以产生被转化到铁氧还蛋白的电子。可逆氢化酶直接从还原铁氧还蛋白中接受电子来生成氢气。由于氧气对产氢酶具有高度抑制作用，从而使得产氢气和产氧气必须分离。首先在第 1 个阶段将二氧化碳固定在富含氢气的底物中，然后第 2 个阶段在厌氧条件下培养微藻，从而生产氢气[20]。绿藻在没有无机硫的条件下，氧气合成速率和二氧化碳固定速率会显著下降。

除此之外，蓝藻还可以通过光合作用进行生物制氢。

$$6H_2O+6CO_2 \xrightarrow{\text{光能}} C_6H_{12}O_6+6O_2 \qquad (1\text{-}2)$$

$$C_6H_{12}O_6+6H_2O \xrightarrow{\text{光能}} 12H_2+6CO_2 \qquad (1\text{-}3)$$

蓝藻是一种在地球上生长了 30 多亿年的自养型单细胞原核微生物，目前已经发现超过 120 种蓝藻具有固氮能力。蓝藻的生长条件很简单，只需要空气（氮气和氧气）、水、矿物盐和光照。蓝藻体内含有可以直接参与氢分子合成的氢化酶，其中包括固氮酶（将氮还原成氨）、吸氢酶（催化氧化固氮酶合成氢气）、双向氢化酶（同时促进吸收和释放氢气）[21]。长期的研究结果表明，水转化成氢气会受到多种因素的影响。

光催化制氢是在半导体材料催化作用下将太阳能转换成可以储存的化学能的制氢方式，1972 年由 Fujishima 和 Honda 利用 TiO₂ 在光照催化条件下直接将水分解成氢气，从而开辟了这种新型制氢方式。随后研究者们发现钽酸盐、铌酸盐、钛酸盐和多元硫化物等多种催化剂也具有光催化制氢的功能[22]。为了进一步发掘光催化剂的性能，研究者们对纳米光催化剂、离子掺杂、电子捕获剂、半导体复合、贵金属沉积、染料光敏化、表面螯合及衍生作用及外场耦合等进行了研究[23]。虽然研究者们对半导体复合材料和纳米结构进行了许多研究，但迄今为止还没有找一种令人满意的催化剂，并且许多材料没有显示足够的能量转换效率。目前光催化剂和光催化体系仍然存在诸如光催化剂在可见光区活性低、光腐蚀和能量转化效率低等问题[24]。

（2）暗发酵生物制氢

与其他方式相比，暗发酵的主要优点是产氢速率高、底物利用范围广、反应条件温和等[25]。另外，由于暗发酵广泛的适用性和集成化程度高等，暗发酵已经引起了研究者们广泛的研究[26,27]。

厌氧细菌可以降解碳水化合物进行暗发酵产氢。暗发酵产氢可利用底物的范围很广，主要分为农业废弃物资源（农作物秸秆、畜禽粪便和农产品加工废弃物等）、有机废水（生活污水、食品加工废水和造纸废水等）、餐厨垃圾（食物残渣、果蔬残余物、肉类等）等[6]。按照发酵温度可以将暗发酵产氢分为中温发酵产氢（25～40℃）、嗜热发酵产氢（40～65℃）、极端嗜热发酵产氢（65～80℃）或超嗜热发酵产氢（>80℃）等类型。暗发酵产氢细菌主要包括梭状芽孢杆菌属、肠杆菌属和芽孢杆菌属等。碳水化合物是首选的暗发酵产氢底物，主要有葡萄糖、异构体或己糖的异构体，或淀粉、纤维素形式的聚合物。根据发酵途径和最终产物产生不同量的氢气，当乙酸是终端产物时获得最大的产氢量为4mol H_2/mol葡萄糖 [式（1-4）]。当丁酸作为终端产物时，可以获得2mol H_2/mol葡萄糖的最大理论值 [式（1-5）]。暗发酵微生物主要是兼性或专性厌氧菌，在碳水化合物底物分解过程中能产生分子氢，并且伴随着可溶性物质的产生，其主要可溶性物质为乙酸、丙酸、丁酸和乙醇等（图1-1）[28]。

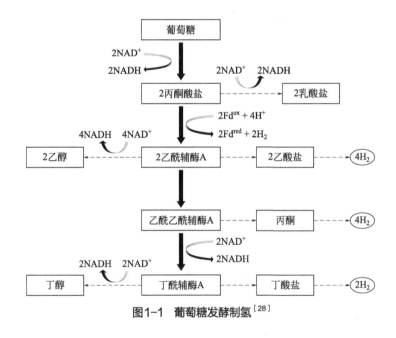

图1-1　葡萄糖发酵制氢[28]

$$C_6H_{12}O_6 + 2H_2O \longrightarrow 2CH_3COOH + 4H_2 + 2CO_2 \qquad (1-4)$$

$$C_6H_{12}O_6 \longrightarrow CH_3CH_2CH_2COOH + 2H_2 + 2CO_2 \qquad (1-5)$$

　　然而在长期的研究中，研究者们发现当暗发酵产氢量较高时，产氢发酵产物主要为乙酸和丁酸的混合物。当产氢发酵底物主要为丙酸和还原性产物（乙醇和乳酸），则产氢量较低。巴氏梭菌（*Clostridium pasteurianum*）、丁酸梭菌（*C. butyricum*）和贝氏梭菌（*C. beijerinkii*）是高产菌种，丙酸梭菌（*C. propionicum*）产氢性能则较差[29]。暗发酵产氢条件对其发酵途径有很大的影响。由于还原性物质（乙醇、丁醇和乳酸）含有未被转化成氢气的氢元素，为了使产氢量最大化，这就需要将细菌的代谢类型从醇类（乙醇、丁醇）和还原酸（乳酸）转向挥发性脂肪酸[30]。

研究发现，氢分压对微生物产氢有明显的抑制作用。随着氢气浓度的增加，微生物释放氢气的性能会明显减弱，并且代谢途径也转向还原性物质（乳酸、乙醇、丙酮、丁醇和丙氨酸）[31,32]。

（3）光发酵生物制氢

光合细菌在缺少氮源条件下，利用光能和还原的化合物（有机酸）通过固氮酶催化作用产生氢气（图1-2）[33]。光合产氢细菌只有PS I 光作用系统，因此不会产生氧气，这就避免了氢气和氧气的分离等问题。

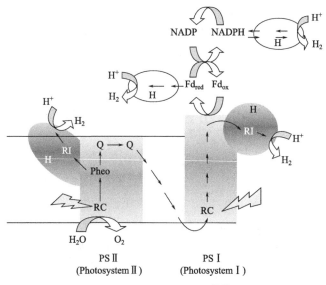

图1-2 光合产氢途径[33]

闪电代表光照，箭头代表电子转移路径，黑白线条表示氢化酶活动，Fd代表铁氧化还原蛋白，
Q代表苯醌，RI代表氧化还原中间体，NADH代表氧化还原酶，Pheo代表脱镁叶绿素，
RC代表反应中心

$$C_6H_{12}O_6 + 12H_2O \xrightarrow{\text{光能}} 12H_2 + 6CO_2 \qquad (1-6)$$

研究者们对序批式和连续式光发酵产氢进行了广泛的研究[34-39]。光合产氢

细菌不仅可以利用秸秆类生物质、腐烂果蔬、食物残渣等进行产氢活动[40-42]，还可以降解工业废水、暗发酵废液等进行生物制氢[43]。

张全国等综述了农作物秸秆光合发酵产氢的现状，研究了预处理方法[44]、底物结构和光合细菌生长代谢机理等，列举了纯菌种光合产氢、混合菌种产氢和突变体产氢，并描述了光合发酵制氢装置中几何结构、光源、传质和操作策略等，展望了光合发酵产氢高效菌种选育和基因重组等调控机制，以及新一代光发酵制氢装置的设计等[45]。张志萍等综述了光发酵反应器结构和光分布与密度分布，研究发现了生化反应热和光-热-质传输特性都会对光发酵反应器的特性造成很大的影响，光照和温度对细菌生长和酶活性影响的同时进一步影响了光发酵产氢性能，进一步提出了光发酵产氢的有效调控机制，优化了光发酵产氢工艺[46,47]。蒋丹萍等以玉米秸秆酶解液为产氢底物，利用光合产氢细菌HAU-M1研究了初始pH值对光合产氢性能的影响，研究发现当初始pH值在6～9之间时，能够获得比前期研究更高的底物转化率（82%～94%）；当初始pH值为7时，获得（2.6±0.3）mol H_2/mol还原糖[48,49]。李亚猛等利用三球悬铃木进行了HAU-M1光合产氢实验研究，实验利用响应面法CCD模型研究了温度、初始pH值和接种量对光合细菌产氢量的影响，当初始pH值为6.18，温度为35.59℃，接种量为26.29%，得到最大产氢量64.10mL H_2/g TS[50]。王毅等利用特定培养基在回流装置中对高效光发酵产氢细菌进行了筛选，并对牛粪废水光发酵产氢进行了研究，结果表明混合光发酵细菌具有较快的生长速度和更强的耐受性，当细菌的回流时间为36h，回流体积为30%时，得到最大产氢速率28.3mL/(L·h)，氢气浓度为55%[51]。

（4）暗/光联合生物制氢

图1-3展示了暗/光联合生物制氢代谢途径，图中阴影部分为暗发酵生物制氢反应，无阴影区内为光发酵生物制氢反应。研究发现，光合细菌可以利用挥发性脂肪酸进行光发酵产氢[52,53]。光合细菌可以利用暗发酵废液中的脂肪酸进行下一步的产氢，这样就大大提高了产氢效率。当底物为乙酸和丁酸时，方程式如下：

$$C_2H_4O_2+2H_2O \longrightarrow 4H_2+2CO_2 \tag{1-7}$$

$$C_4H_8O_2+6H_2O \longrightarrow 10H_2+4CO_2 \tag{1-8}$$

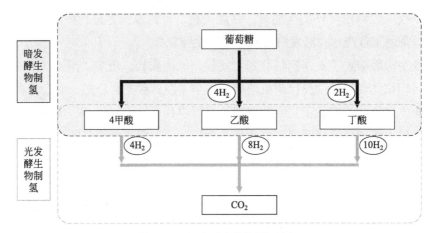

图1-3　暗/光联合生物制氢途径

1.2.3　暗发酵生物制氢的主要影响因素

暗发酵生物制氢受到例如温度、pH值、底物浓度、碳氮比、接种量、菌种和水力滞留时间等诸多因素的影响[54]。不同的工艺条件会影响产氢细菌的产氢特性[55-57]。目前研究者们已经在实验室规模上对产氢过程中的诸多影响因素进行了研究。

（1）温度对暗发酵生物制氢的影响

研究者发现，温度对产氢细菌的生长速度、细菌活性、菌落多样性等有很大的影响[58]，大量的研究也证实了温度对暗发酵生物制氢的影响。Qiu等研究结果表明，温度对木糖产氢过程的代谢产物结构有重大影响，当温度在35～55℃时，代谢产物主要是丁酸和乙酸，当温度为65℃时，代谢产物主要为乙醇[59]。Sattar等研究了温度对水稻（稻草、米糠、稻壳和大米）厌氧发酵的影响，结果发现随着温度从37℃增大为55℃，稻草、米糠和稻壳的产氢量呈现明显增大的趋势，其中稻壳产氢量增幅达到了31.31%[60]。Zhang等研究了中温（30℃和37℃）、嗜热（55℃）和极端嗜热（70℃）对玉米秸秆酶解液产氢的影响，结果发现当温度为55℃时，达到了最大产氢量，此时反应液中达到了最高的乙酸和丁酸浓度，以及最低的乙醇浓度，表明这种条件是最有利于产氢的[61]。Shi等研究了温度（35℃、50℃和65℃）对海带连续产氢的影响，结果表明在温度为35℃时，反应器内纤维素酶活性最高，获得了最高的产氢量61.3mL/g TS；并且通过PCR-DGGE分析发现，微生物多样性随着温度的升高而降低，产氢微生物中的优势菌种也会发生改变[62]。Gadow等研究了温度（37℃、55℃和80℃）对纤维素连续产氢的影响，结果发现在三种条件下分别获得了0.6mmol/g、15.02mmol/g和19.02mmol/g的产氢量，并且当温度为37℃时，气体中含有26%的甲烷，而其他温度下没有发现甲烷气体，嗜温和超嗜温条件下更有利于产氢[63]。Yossan等研究了温度（25℃、37℃、45℃和55℃）对棕榈油工厂废液生物制氢的影响，结果发现当温度为37℃和45℃时，分别获得了最大产氢量27.09mL/g COD和最大产氢速率75.99mL/(L·h)[64]。Ngoma等研究了温度（45℃、70℃）和废液循环速率对产氢的影响，结果发现当温度为45℃时，随着废液循环速率从1.3L/min增大为3.5L/min，反应器的产氢速率由2.1L/(L·h)增大为8.7L/(L·h)；当温度为70℃时，随着废液循环速率从1.3L/min增大为3.5L/min，反应器的产氢速率由2.8L/(L·h)增大为14.8L/(L·h)；45℃和70℃时的氢气浓度分别为45%和67%，同时产氢量分别为1.24mol/mol葡萄糖和2.2mol/mol葡萄糖[65]。Luo等利用木薯秸秆进行厌氧发酵产氢，研究了温度（37℃、60℃和70℃）和初始pH值（4～10）对产氢性能的影响。在嗜温（60℃）时获得了53.8mL/g VS的最大产氢量，比中温（37℃）和超嗜温（70℃）分别高出53.5%和198%，同时在嗜温（60℃）时可以获得更高的丁酸和更低的丙酸，超嗜温（70℃）条件下丁酸的抑制作用导致了很低的产氢量[66]。Karadag等研究了连续升温（37℃→65℃）对混合菌落产氢过程中微生物群落组成的影响，在温度为45℃时获得了最大的产氢量1.71mol/mol葡萄糖，温度升高到50～55℃时没有氢气产生，随着温度继续降低为45℃，产氢量又迅速回升；微生物群落和代谢模式随着温度变化而变化[67]。Espinoza-Escalante等研究了温度（35℃和55℃）、pH值（4.5、5.5和6.5）、水力滞留时间（1d、3d和5d）对龙舌兰酿酒过程中产氢气和甲烷的影响，结果发现55℃时有利于产氢，35℃时有利于产甲烷[68]。

研究者们在温度对暗发酵生物制氢的影响方面做了大量的研究，中温暗发酵温度基本控制在30～40℃。这个温度范围对试验的要求不高，这就大大降低了试验成本。因此，在大规模的生物制氢试验研究中，建议使用常温菌种作为试验菌种。

（2）底物浓度对暗发酵生物制氢的影响

研究者们发现，底物浓度、水力滞留时间、有机负荷率等因素是连续生物制氢试验研究的重要影响因素[69-71]。底物浓度和水力滞留时间共同影响着有机负荷率，有机负荷率直接反映了反应器中单位时间内单位体积反应液中的有机物浓度，是衡量一个反应器有机物去除能力和产氢能力的一个重要指标[72,73]。底物浓度直接表征了反应器内可供产氢微生物使用的底物量[53]。低于最优底物浓度会导致产氢细菌供氧不足，从而导致氢气浓度较低、产氢速率较慢、微生物量较低等问题，甚至将没有氢气产生[71,74]。当底物浓度高于最优值时，产氢微生物又会产生大量的挥发性脂肪酸和乙醇等有害物质，从而导致产氢速率的下降[75]。并且产氢量和反应液中未能分离出去的挥发性脂肪酸呈负相关关系[76]。

目前研究者对底物浓度对生物制氢影响的研究已经很多，但是大多数是基于实验室小规模的研究[77]。Antonopoulou研究中报道在水力滞留时间12h，甜高粱底物浓度为17.50g/L时，得到最大产氢速率（2.93±0.09）m³/（m³·d）[78]。Akutsu研究了淀粉底物浓度对产氢速率的影响，在底物浓度为30g/L时获得（4.43±0.48）m³/（m³·d）最大产氢速率[76]。有机负荷率会显著影响产氢微生物活性、产氢速率、产氢浓度等，研究结果表明，提高有机负荷率将显著增强反应器的产氢性能[72]。然而，一些研究人员发现，产氢速率和产氢量随着有机负荷率的增加呈现上升趋势，但是随着有机负荷率超越最佳值，产氢性能则开始下降。Zahedi研究表明，当有机负荷率高于110g TVS/（L·d）时，产氢速率会大幅度降低；在Tawfik等的研究中，当有机负荷率高于21.4g COD/（L·d）时，产氢量开始出现下降趋势[79,80]。Eker等研究了还原糖浓度为3.84~45.5g/L的酸解废纸液对生物制氢的影响，在还原糖浓度为3.84g/L时得到1.01mol/mol糖的最大产氢量，当糖浓度继续增大时会导致反应液中更高浓度的挥发性脂肪酸，从而抑制产氢细菌产氢[75]。Phowan等研究了稀硫酸对木薯的预处理效果，在0.5%硫酸对质量比为1/1的木薯在121℃温度下处理30min时得到最大为27.4g/L的总糖量，分别研究了底物浓度、初始pH值和生物量浓度等对木薯浆水解产物产氢性能的影响，结果发现在初始总糖浓度为25g COD/L、生物量为3.0g/L和初始pH值为5.5时，获得了3381mL/（L·d）的最大产氢速率，产氢量为342mL/g COD[81]。Lazaro等研究了在37℃和55℃条件下不同浓度甘蔗酒糟的产氢可行性，在常温条件（37℃）下甘蔗酒糟浓度的增加对产氢量没有显著的影响，当底物浓度为7.1g COD/L时得到最大产氢量2.23mmol/g COD；在高温条件（55℃）条件下，甘蔗酒糟浓度的增加反而导致产氢量的下降，当底物浓度为2g COD/L时得到最大产氢量2.31mmol/g COD[82]。Lee等为了降低生物制氢的成本，以处理后的污水、污泥为接种物，研究了木薯淀粉暗发酵生物制氢的可行性，研究结果表明在温度为37℃、pH为6.0和底物浓度为24g COD/L时得到最大产氢速率为1119mL/(L·h)，最大产氢量为9.47mmol/g淀粉[83]。Guo等研究了海水养殖有机废物暗发酵产氢的可行性，利用0.25L的血清瓶为反应器，以预处理过的污泥为接种物，研究了底物浓度和盐度对产氢性能的影响，结果表明底物浓度和盐度对产氢量和氢气浓度都有显著的影响，海水盐度对产氢有抑制效果，高浓度的盐度将会导致氢气浓度的下降，养分的变化和代谢物的组成也可能受到盐度的显著影响，当底物浓度和盐度分别为20g/L和1.5%时，得到最高产氢量21.9mL/g VSS和氢气浓度82.8%[74]。林秋裕等建立了中试规模（有效体积为0.4m³的活性颗粒污泥床生物反应器）的高效暗发酵反应器，来研究规模化生物制氢技术。当有机负荷率为240kg COD/(m³·d)时，氢气浓度达到最大值37%，此时产氢速率为15.59m³/(m³·d)，产氢量为1.04mol/mol蔗糖[87]。Wang等通过试验和模型研究了三氯卡班对产氢的影响，结果发现三氯卡班提高了产氢速率和产氢量，当三氯卡班底物浓度从0增加到（1403±150）mg/kg TSS，产氢量从（10.1±0.2）mL/g VSS增加到（14.2±0.2）mL/g VSS，三氯卡班的添加显著促进了氢气的释放，同时也促进了反应液的酸化，这就抑制了甲烷的产生[88]。

研究者们发现，在暗发酵生物制氢过程中，不同的底物类型，最佳产氢底物浓度也不尽相同。底物浓度的提高可以增强暗发酵生物制氢的性能，但是过高的底物浓度也会抑制暗发酵生物制氢的进行。在规模化暗发酵生物制氢过程中，底物浓度也是一个需要着重考虑的因素。

（3）水力滞留时间对暗发酵生物制氢的影响

水力滞留时间反映了反应液在反应器的平均停留时间，可以通过反应器的有效容积与进料速率之比计算获得，也可以理解为反应液充满反应器的时间，它表征了反应器内底物与产氢微生物的平均有效反应时间。在生物反应器中，水力滞留时间过短，会造成产氢微生物对底物利用不充分和产氢微生物大量冲刷等问题，而导致产氢性能下降；水力滞留时间过长，则会造成反应液中产氢微生物代谢副产物抑制作用过大和产氢微生物活性下降等问题，从而导致反应器产氢性能下降。合理的水力滞留时间使得反应器具有最佳有机负荷率、产氢微生物浓度和活性、代谢产物浓度等条件，从而得到最优化的产氢性能。

目前在实验室规模上，研究者们已经利用各种底物、各式反应室进行了大量的研究。Lin等在一个体积为400L的中试规模化暗发酵反应器内，研究了水力滞留时间和底物浓度对中试化生物制氢的影响，结果发现相对于实验室规模的暗发酵制氢，中试化规模的反应性能不太好，搅拌速率的提高有助于传质效率的提高，通过研究不同的水力滞留时间和底物浓度组合来调整反应器的有机负荷率，从而提高反应器的产氢能力；当反应器的水力滞留时间和底物浓度分别为6h和30g COD/L，有机负荷率为120g COD/(L·d)时，规模化反应器得到最大产氢速率1.18mol/(L·d)，产氢量3.84mol/mol蔗糖，产氢效率47.2%[91]。林秋裕等利用一个体积为400L的中试化高效暗发酵反应器，在温度为35℃，有机负荷率为40～240kg COD/(m³·d)，进料底物浓度分别为20kg COD/m³和40kg COD/m³条件下运行了67d，研究结果发现产氢速率随着有机负荷率的增加而增大，然而生物量浓度随着有机负荷率的增加 [40kg COD/(m³·d) →120kg COD/(m³·d)→240kg COD/(m³·d)] 呈现先增长后下降的趋势，在有机负荷率为240kg COD/(m³·d)（水力滞留时间为4h）时得到最大产氢速率为（15.59±2.28）m³/(m³·d)，对应的产氢量为（1.04±0.19）mol/mol蔗糖[87]。Silva-Iiianes等以一个有效体积为2L的连续搅拌釜反应器，以甘油为产氢底物，研究了水力滞留时间对连续搅拌釜产氢性能的影响，在温度为37℃、搅拌速率为400r/min、pH值为5～6.5的条件下，当水力滞留时间为12h、pH为5.5时，得到最大产氢速率（88.0±20.2）mmol/(L·d)和产氢量（0.58±0.13）mol/mol甘油[92]。Thanwised等利用一个体积为24L（有效体积14.25L）的厌氧折流板式反应器，以木薯废水为产氢底物，在温度为（32.3±1.5）℃、初始pH值为9的条件下，研究了水力滞留时间对产氢性能和化学需氧量去除的影响，产氢速率伴随着有机负荷率的增大呈现抛物线形状，在水力滞留时间为6h时得到（883.19±7.89）mL/(L·d)的最大产氢速率[93]。Reis等研制了一个体积为4.192L的上流式厌氧流化床，以合成葡萄糖废水为产氢底物，研究了上流速度和水力滞留时间对反应器产氢性能的影响。当水力滞留时间为1h时，得到最大产氢速率为2.21L/(L·h)，当水力滞留时间为2h时，获得2.55mol/mol葡萄糖的最大产氢量，反应器的氢气浓度在40.53%～67.57%范围内变化；反应液中有大量的乙醇生成，该发酵类型为乙醇型发酵[94]。Buitron等研究了有机负荷率 [5～60g/(L·d)] 和水力滞留时间（1.25～5.5h）对厌氧颗粒污泥葡萄糖暗发酵产氢的影响，当温度、pH值、有机负荷率和水力滞留时间分别为35℃、4.5、30g/(L·d)、4h时获得最大产氢速率（475±15）mL/(L·h)，产氢微生物的代谢途径随着有机负荷率的增加发生了改变，产氢量也随之逐渐降低[96]。Badiei等利用厌氧序批式反应器，研究了水力滞留时间对棕榈油厂废水生物制氢的影响，72h被确定为最佳处理棕榈油厂废水生物制氢的水力滞留时间，此时可以得到最高的产氢速率和产氢效率；研究发现较长的水力滞留时间会激发非产氢细菌的活性，较短的水力滞留时间则会造成产氢底物的不足；当水力滞留时间为72h时，得到6.7m³/(m³·d)的最大产氢速率，0.34L/g COD的产氢量；另外，不断缩短水力滞留时间会冲刷走反应器中的产氢微生物，从而降低产氢能力[97]。Wang等研究了水力滞留时间对糖蜜废水乙醇型暗发酵生物制氢的影响，当水力滞留时间为5h时，获得6.60m³/(m³·d)的最高产氢速率[98]。Sivagurunathan等研究了水力滞留时间对上流式厌氧污泥床反应器半乳糖生物制氢的影响，结果表明控制适当的水力滞留时间是获得高产氢速率的前提。当水力滞留时间为2h时，得到56.8m³/(m³·d)的最大产氢速率；进一步缩短水力滞留时间到1.5h，则会导致产氢速率显著下降到48.3m³/(m³·d)[99]。Buitron等使用厌氧序批式反应器，研究了水力滞留时间、初始底物浓度和温度对龙舌兰酒糟生物制氢的影响，在这3个因素中，水力滞留时间对产氢的影响最为显著，水力滞留时间越短，产氢量越大。在底物浓度为3g COD/L、温度为35℃、水力滞留时间为12h时，得到1.21m³/(m³·d)的最大产氢速率，此时平均氢气浓度为（29.2±8.8）%[100]。

除此之外，研究者发现过氧化钙可以作为一种高效氧化剂增强产氢细菌的生物降解能力，过氧化钙对耗氢过程相关酶活性的抑制作用远远大于对产氢过程相关酶活性的抑制作用[101]。亚硝酸盐也可以很大程度上促进活性污泥酸性发酵产氢性能，结果表明随着亚硝酸盐从0增加为250mg/L，产氢量从8.5mL/g VSS增加为15.0mL/g VSS（pH5.5）[102]。

但是对于连续流暗/光多模式生物制氢的研究还未见报道，中试化规模生物制氢是生物制氢走向工业化的必经之路，因此研究中试化规模连续生物制氢具有很大的战略意义。

1.2.4 光发酵生物制氢的主要影响因素

光发酵生物制氢作为一种重要的生物制氢方式[103]，受到温度、底物浓度、水力滞留时间、光照度等诸多因素的影响[104]。目前针对光发酵生物制氢研究的文献还不是太多，相关研究需要进一步进行。

（1）温度对光发酵生物制氢的影响

温度可以影响光合细菌的生长和产氢，对产氢过程的细胞和酶活性具有重要影响，适宜的温度可以显著提高光发酵产氢速率。

Lu等利用响应面法，研究了温度、初始pH值、光照度和底物浓度对光发酵产氢的影响，结果发现随着温度从25℃增大为40℃，产氢量呈现抛物线形状的变化趋势，在温度为30.46℃时得到最佳产氢条件，方差分析结果同样表明温度对光发酵产氢具有显著的影响[38]。路朝阳等利用响应面法BBD模型研究了温度、pH值和纤维素酶量对玉米秸秆HAU-M1光合产氢的影响，结果发现最佳的光合产氢条件为温度30.8℃，pH值5.43，纤维素酶负荷为70mg/g，得到最大产氢量29.88mL/g[105]。李亚猛等利用响应面法CCD模型研究了温度、初始pH值和接种量对三球悬铃木HAU-M1光合产氢的影响，优化了这三个变量对产氢量的影响，在最优化条件初始pH、温度和接种量分别为6.18、35.6℃和26.29%时，获得最高产氢量65.03mL/g TS[50]。

（2）底物浓度对光发酵生物制氢的影响

由于光合细菌在制氢过程中需要光源，底物浓度对光发酵产氢具有很大影响。一方面，当底物浓度过高时，会减弱光线在反应液中的穿透性，使光合细菌得不到足够的光源；另一方面，过高的底物浓度也会对产氢细菌造成抑制作用。当底物浓度过低时，光合细菌又会由营养不足造成生物量较低，产氢量减少。目前国内外也有很多关于底物浓度对光发酵产氢影响的研究报道。

Kim等以1.2L的玻璃瓶为光合反应器，研究了连续操作条件下乳酸对光合产氢的影响，产氢量随着乳酸浓度的增加而增加，当乳酸浓度为20mol/L时，底物转化效率为38%，产氢量为2.3mol/mol乳酸，产氢速率为3.9mL/(L·d)[106]。Zhu等研究了底物浓度和不同振动速度对玉米秸秆HAU-M1光合产氢的影响，结果表明振动有助于加速气体的释放，缩短发酵时间，提高产氢速率，当底物浓度较高时，振动可以显著地提高产氢速率；在底物浓度和振动速率分别为10g/L和160r/min时，得到最大的产氢量62.28mL/g[107]。Subudhi等以 *Rhodobacter sphaeroides* CNT 2A为光合细菌，以乙酸和丁酸为产氢底物，研究了不同碳源和底物浓度对产氢的影响，当乙酸浓度和丁酸浓度分别为25mmol/L和12.5mmol/L时，分别获得最大产氢量40.36mmol/L和52.9mmol/L[108]。Wang等研究了底物浓度（10～80mmol/L）对乙酸 *R. faecalis* RLD-53光发酵产氢的影响，结果表明当乙酸浓度为60mmol/L时得到最大累计产氢量2468mL/L[109]。Kapdan等研究了底物浓度（2.2～13g/L糖）对小麦淀粉*Rhodobacter sphaeroides*光发酵产氢的影响，在糖浓度为5g/L时，获得了1.23mol/mol葡萄糖的最大产氢量[110]。Lee等研究底物浓度（10～100mmol/L）对丁酸*Rhodobacter sphaeroides* SCJ光发酵产氢的影响，结果表明随着底物浓度的增加，产氢量呈现抛物线形状的变化趋势，当底物浓度为25mol/L时，获得7.72umol/（mg·h）的最大产氢速率[111]。Zhu等研究了玉米秸秆酶解液*Rhodobacter sphaeroides* ZX-5光发酵产氢试验，不同有机酸之间的混合搭配有利于提高产氢细菌的生长和产氢；当乙酸浓度为4.0g/L时，得到最大产氢量（1.36±0.06）mL/mL[112]。

研究者们就温度对光发酵生物制氢的影响进行了大量的研究，适宜的温度可以大大提高光发酵生物制氢的效率，但是过高的温度会影响光合细菌的代谢活性，从而影响光合细菌的产氢性能。在实验室规模的生物制氢过程中，研究者们可以精确地控制反应器的温度，但是在规模化生物制氢装置中，制氢过程的温度控制是一个需要十分重视的问题。

（3）水力滞留时间对光发酵生物制氢的影响

在连续流光发酵生物制氢过程中，水力滞留时间是影响产氢速率的一个重要因素，在文献报道中也给出了一些相关研究。

在温度、光照度和初始pH值分别为（30±1）℃、4000lx和7的条件下，张志萍等对比分析了折流板式光发酵反应器（体积为2L）、上流式折流板光发酵反应器（2L）和上流式圆管光发酵反应器（126mL）等3种光发酵产氢反应器的产氢性能，该试验采用玉米芯酶解液作为产氢底物，通过对比分析得知，折流板式光发酵反应器性能优于其他两种反应器，在水力滞留时间为36h时，产氢速率达到7.78mmol/（L·h）[69]。Kim等分别采用*R. sphaeroides* KD131和乳酸作为光合产氢细菌和产氢底物，研究了水力滞留时间（48～120h）对产氢性能的影响，结果发现当水力滞留时间为120h时，42%和52%的底物电子量被用于细胞生长和可溶性微生物产物；在水力滞留时间为96h时，得到260mL/（L·d）的最高产氢速率；当水力滞留时间继续缩短，产氢速率开始下降[113]。

从文献的研究结果中可以看出，水力滞留时间可以影响产氢速率的大小，因此，在本书中也重点介绍了水力滞留时间对光发酵生物制氢的影响。

（4）光照度对光发酵生物制氢的影响

适宜的光照度为光合细菌营造高效的产氢环境。当光照度较低时，光合细菌会因为得不到充足的光照抑制光合细菌的生长而产氢性能低下；当光照度较高时，光合细菌则会出现光抑制现象，从而降低产氢性能。

Al-Mohammedawi等以 *R. sphaeroides* DSM 158为光合产氢细菌，以苹果酸为碳源，使用响应面法BBD模型优化了光照度、pH值和碳氮比对产氢的影响，在光照度为126W/m^2、pH值为7.4、碳氮比为27.5时，得到最大产氢速率41.74mL/（L·h）[114]。路朝阳等利用响应面法BBD模型研究了初始pH值、光照度、温度和底物浓度对苹果泥HAU-M1光合产氢细菌光合产氢的影响，结果显示当初始pH值为7.14、光照度为3029.67lx、温度为30.46℃和料液比为0.21时，得到最大产氢量（111.85±1）mL H_2/g TS[38]。Akman等利用响应面法，在一个50mL的玻璃光合反应器中，研究了不同初始底物浓度的乙酸和谷氨酸钠、生物量浓度和光照度对光合产氢的影响，响应面结果表明，当乙酸浓度、初始菌种浓度和光强值分别为35.35mol/L、0.27g VSS/L和263.6W/m^2（3955lx）时，可以得到最大产氢速率1.04mmol/（L·h）[115]。

从文献研究结果可以看出，光照度可以影响光合细菌的生长速率和产氢速率。在实验室规模的生物制氢试验中，研究者们可以精确地控制反应器的光照度，而在规模化生物制氢装置中，如何提供高效、低耗的光照就是一个非常需要思考的问题。

除此之外，Srikanth等以乙酸和丁酸为产氢底物进行了产氢工艺优化和综合性能评价，结果发现有机酸可以很好地进行光发酵产氢，并且产氢工艺参数对产氢性能有很大的影响。当乙酸浓度为1.22kg COD/（m^3·d）时，获得最大产氢量3.51mol/（kg COD·d）；当丁酸浓度为1.19kg COD/（m^3·d），获得最大产氢量3.33mol/（kg COD·d），并且添加谷氨酸和维生素后，产氢量得到了进一步提高[116]。

1.2.5 暗/光联合生物制氢的主要影响因素

暗发酵生物制氢具有产氢效率高、底物范围广等诸多优点，但是暗发酵会产生大量的挥发性脂肪酸（乙酸、丙酸、丁酸等），这些脂肪酸会携带大量的能量，这就造成了暗发酵制氢底物转化率低的问题[117,118]。光发酵可以通过降解诸如糖类和挥发性脂肪酸等物质产生氢气。如果将暗发酵生物制氢的废液作为光发酵生物制氢的底物，则会大幅度提高底物的转化率[119]。

（1）底物浓度对暗/光联合生物制氢的影响

底物浓度不仅决定暗发酵生物制氢的产氢性能，暗发酵的废液底物浓度又决定了光发酵生物制氢的产氢性能，过高的暗发酵废液浓度会对光发酵生物制氢产生抑制作用，而过低的暗发酵废液浓度又不足以给光发酵生物制氢提供足够的底物量。Su等以活性污泥为暗发酵产氢细菌，以木薯淀粉为产氢底物，以 *Rhodopseudomonas palustris* 为光发酵细菌，以暗发酵产氢废液为光发酵产氢底物，研究木薯淀粉暗/光联合生物制氢。在暗发酵底物浓度为10g/L时，得到240.4mL/g的最大产氢量，通过暗/光联合产氢使底物产氢量提高到了402.3mL/g，能量转化率由17.5%～18.6%提高到了26.4%～27.1%[120]。Su等又以活性污泥为暗发酵产氢细菌，以 *Rhodopseudomonas palustris* 为光发酵产氢细菌，以微波加热辅助碱预处理水葫芦作为暗发酵产氢底物，采用水葫芦暗发酵废液作为光发酵产氢底物，研究了底物浓度和预处理方式对水葫芦产氢性能的影响，采用蒸汽加热、微波加热/碱预处理和酶水解方法，在水葫芦浓度为20g/L时，获得了最大的还原糖浓度30.57g/g TVS和产氢量76.7mL/g TVS；当底物浓度为10g/L时，光发酵获得最大产氢量522.6mL/g TVS；通过暗/光联合生物制氢，最大产氢量从76.7mL/g TVS增加到了596.1mL/g TVS，达到了理论值的59.6%[121]。Argun等以活性污泥为暗发酵产氢细菌，以 *Rhodobacter sphaeroides*（NRRL B-1727）为光发酵细菌，研究了底物浓度（2.5～20g/L）和细胞浓度（0.5～5g/L）对小麦暗发酵产氢废液光发酵产氢的影响，在底物浓度2.5g/L时，获得最高产氢量63.9mL/g淀粉；在细胞浓度为1.1g/L时，获得最高产氢量156.8mL/g淀粉[122]。Hitit等以 *Cellulomonas fimi* ATCC 484为暗发酵细菌，以 *Rhodopseudomonas palustris* GCA009为光发酵细菌，采用暗发酵细菌和光发酵细菌共培养的方式，以响应面法BBD模型研究了底物浓度、酵母膏浓度和微生物比例对产氢量的影响，结果发现在最低纤维素浓度和最高微生物比例条件下，获得3.84mol/mol葡萄糖当量的最高产氢量，所有试验组的COD的去除率都超过了70%[123]。在Cheng等的另外一篇报道中，分别以 *Clostridium* 和 *Rhodopseudomonas palustris* 为暗发酵细菌和光发酵细菌，以木薯淀粉作为暗发酵产氢底物，以暗发酵废液作为光发酵产氢底物，利用响应面法CCD模型研究了底物浓度、温度和pH值对暗发酵产氢的影响，在底物浓度为10.4g/L、温度为31℃和pH值为6.3时，获得了最大的产氢量351mL/g，光发酵获得489mL/g的最大产氢量；混合菌种和细胞固定化技术的采用使暗/光联合生物制氢的产氢量由402mL/g提高到了840mL/g[124]。Lo等以*Clostridium butyricum* CGS5为暗发酵细菌，以*Rhodopseudomonas palustris* WP3-5为光发酵细菌，以蔗糖为暗发酵底物，采用暗发酵废液作为光发酵产氢底物，研究了底物浓度对光发酵细胞生长和产氢性能的影响，使用稀释5倍和6倍的暗发酵反应液，获得了10.3mol/mol蔗糖和11.97mol/mol蔗糖的产氢量[125]。

在暗/光联合生物制氢过程中，底物浓度会直接影响暗发酵产氢速率、尾液成分，暗发酵尾液成分又会对光发酵产氢性能造成直接影响。因此，研究底物浓度对暗/光联合生物制氢的影响具有十分重要的意义。

（2）水力滞留时间对暗/光联合生物制氢的影响

水力滞留时间对暗发酵生物制氢和光发酵生物制氢产氢性能均具有重要的影响，另外，水力滞留时间对研究暗/光联合生物反应器的体积匹配也具有重要的参考意义。Lo等以*Clostridium butyricum* CGS2为暗发酵产氢细菌，以*Rhodopseudomonas palustris* WP3-5为光发酵细菌，以淀粉为产氢底物，在pH值、温度和水力滞留时间分别为5.8～6.0、37℃和12h时，得到了产氢速率0.22L/(h·L)；在温度为35℃、光照度为100W/m^2、pH值为7、水力滞留时间为48h时，光发酵细菌以暗发酵废液为产氢底物进行光发酵产氢，暗/光联合生物制氢使产氢量达到了16.1mmol/g COD，COD去除率达到了54.3%，提出了暗/光联合生物制氢工艺用淀粉高效生产氢气的方法[126]。Ozmihci等研究了水力滞留时间（24～120h）对小麦粉暗发酵废液*Rhodobacter sphaeroides*（NRRL B-1727）光发酵产氢试验的影响，结果表明生物量与水力滞留时间呈现正相关关系，在水力滞留时间为72h时，获得最大的光发酵产氢速率55mL/d，此时的挥发性脂肪酸浓度也达到最大值[127]。Sagnak等以活性污泥为暗发酵细菌，以*Rhodobacter sphaeroides*（NRRL-B 1727）为光发酵细菌，采用暗发酵细菌和光发酵细菌生物量比为1/3的混合菌种作为混合产氢菌种，研究了水力滞留时间（1～8d）对暗/光联合产氢的影响，在水力滞留时间为8d时，得到最大的产氢量3.4mol/mol葡萄糖。采用周期进料与发酵相结合的方法进行生物制氢，当水力停留时间较高时获得较高的产氢率[128]。

除此之外，研究者发现暗/光联合生物制氢可以大大提高底物COD的去除率，Chen等以*Clostridium pasteurianum* CH$_4$为暗发酵产氢细菌，以

Rhodopseudomonas palustris WP3-5为光发酵产氢细菌，以蔗糖为产氢底物，研究了暗/光联合生物制氢的COD去除率和产氢量提高率，结果发现暗发酵的产氢量为3.80mol H_2/mol蔗糖，暗/光联合产氢量提高到了10.02mol H_2/mol蔗糖，COD去除率达到了72.0%；当制氢装置采用侧光光纤照射并加入质量浓度2.0%的黏土载体后，暗/光联合生物制氢的总产氢量提高到了14.2mol H_2/mol蔗糖，COD去除率达到了将近90%[129]。Su等以*Clostridium butyricum*为暗发酵产氢细菌，以*Rhodopseudomonas palustris*为光合产氢细菌，以葡萄糖为产氢底物，研究了暗/光联合产氢过程中的转化效率和可溶性脂肪酸去除率等问题，试验结果获得了暗发酵产氢量为1.72mol H_2/mol葡萄糖，产氢速率为100mL/(L·h)，光发酵最大产氢量为4.16mol H_2/mol葡萄糖，乙酸和丁酸的去除率分别达到了92.3%和99.8%，暗/光联合生物制氢使产氢量由单纯的暗发酵产氢的1.59mol H_2/mol葡萄糖提高到了5.48mol H_2/mol葡萄糖，热值转化率从暗发酵的13.3%提高到了46.6%[130]。Cheng等以活性污泥为暗发酵细菌，以*Rhodopseudomonas palustris*为光发酵细菌，以稻草为产氢底物，采用微波辅助碱预处理的方式来提高产氢量，在0.5% NaOH溶液140℃处理15min后，获得最大的还原糖浓度69.3g/g TVS，暗发酵获得了最大的产氢量155mL/g TVS，光发酵利用暗发酵废液进行联合发酵后，产氢量提高为463mL/g TVS，达到了理论值的43.2%[131]。Yang等以牛粪微生物和*R. sphaeroides*分别作为暗发酵产氢细菌和光发酵产氢细菌，研究了玉米穗暗/光联合生物制氢，暗发酵和光发酵分别获得120.3mL/g和713.6mL/g的产氢速率，COD去除率达到了90%[132]。Argun等以活性污泥为暗发酵产氢细菌，以*R. sphaeroides*-RV为光发酵产氢细菌，以小麦粉为暗发酵产氢底物，以暗发酵废液为光发酵产氢底物，在光照度为270W/m^2时，研究了不同光源（钨灯、荧光灯、红外光灯和卤素灯）对产氢的影响，结果发现卤素灯具有最好的产氢效果，然后以卤素灯为光源，研究了不同光照度（1~10klx）对产氢的影响，在光照度为5klx时获得最大产氢量1037mL/g TVFA，当光照度继续增大时，会对产氢造成抑制[133]。Ochs等采用生命周期分析方法对马铃薯两步法发酵产氢进行了研究，结果表明发酵过程中使用磷酸盐对环境产生影响超过一半（53.5%）；敏感性分析表明，由于污水再循环或缓冲液浓度降低，潜在影响降低65.8%，工艺原料的生产对环境的影响占98.3%[134]。Zong等以牛粪为暗发酵产氢细菌，以*Rhodobacter sphaeroides* ZX-5为光发酵产氢细菌，采用木薯和食物垃圾为暗发酵产氢底物，暗发酵产氢获取了199mL/g木薯和

220mL/g食物垃圾的产氢量，暗/光联合产氢使产氢量提高到了810mL/g木薯和671mL/g食物垃圾，分别达到了84.3%和80.2%COD去除率[135]。Mishra等以 *Clostridium butyricum* LS2为暗发酵细菌，以 *Rhodopseudomonas palustris* 为光发酵细菌，以棕榈油磨坊废水为产氢底物，研究了暗/光发酵联合生物制氢的产氢性能，结果表明暗发酵的产氢量为0.784mL H_2/mL废液，COD去除率为57%，经过光发酵后，产氢量达到了3.064mL H_2/mL废液，COD去除率达到了93%[136]。水解温度、纤维素酶水解时间等因素对暗/光联合生物制氢的产氢性能也有很大的影响，Yang等以牛粪和 *Rhodobacter sphaeroides* HY01为暗发酵菌落和光发酵细菌，利用五因素五水平正交实验研究了水解温度、纤维素酶水解时间、NaOH浓度和半纤维素酶对玉米秸秆暗/光发酵联合产氢的影响，结果表明在NaOH浓度0.75%、水解时间0.5h、水解温度108℃、纤维素酶12IU/g和半纤维素酶2400IU/g时，获得（0.56±0.03）g/g秸秆的最大还原糖浓度，163.1mL H_2/g秸秆的暗发酵最大产氢量，光发酵最大产氢量339.5mL H_2/g秸秆[137]。暗/光联合生物制氢研究中，暗/光细菌的混合培养也是一个重要的影响因素。合适的暗/光细菌混合比可以减弱产氢副产物的抑制作用，最大化提高暗/光联合生物制氢的产氢性能。Liu等分别利用 *Clostridium butyricum* 和 *Rhodopseudomonas faecalis* RLD-53为暗发酵和光发酵产氢细菌，研究了两种细菌混合比例下不同阶段的产氢量、挥发性酸、pH值和生物量的变化，结果发现暗发酵的主要发酵产物是乙酸和丁酸，两者都是光发酵产氢的高效底物；pH值的下降对光合细菌的生长造成严重的抑制作用；在暗/光产氢细菌比例为1/600时，得到0.5mL/(L·d)的最大产氢速率[138]。稀释比、明/暗循环和光照度等对暗/光联合生物制氢具有很大的影响，Liu等以 *Clostridium butyricum* 为暗发酵细菌，以葡萄糖为产氢底物，以 *Rhodopseudomonas faecalis* RLD-53为光发酵细菌，研究了暗/光联合生物制氢过程中暗发酵废液稀释率、暗/光发酵细菌比例、光照度、光/暗时长周期等因素对产氢的影响，在稀释比为1/0.5、暗/光细菌比例为1/2和光照度为10.25W/m² 时分别得到最大产氢量4368mL/L废液、4.946mol/mol葡萄糖和4260mol/mol葡萄糖[139]。暗发酵细菌和光发酵细菌联合培养也会大大提高底物的转化率，Zagrodnik等以 *Clostridium acetobutylicum* 为暗发酵细菌，以 *Rhodobacter sphaeroides* 为光发酵细菌，以淀粉为产氢底物，利用暗/光发酵产氢细菌共培养方式，研究了pH值对暗/光发酵联合产氢的影响，结果发现暗/光产氢细菌共培养产氢量比单独暗发酵高出2.5倍，当pH值为7.0时，产氢量达到了5.11mol H$_2$/mol葡萄糖[140]。

研究者们对暗/光联合生物制氢进行了许多产氢工艺方面的研究，但是还需要进一步对暗/光联合生物制氢过程的产氢机理进行研究，规模化连续流暗/光多模式生物制氢研究还未见报道。连续流暗/光联合生物制氢试验研究是生物制氢走向工业化发展的必经之路。

1.3 生物制氢反应器研究现状

国内外研究者对菌种优化、产氢工艺条件和机理分析等方面进行了大量的研究，并且在此研究基础上研制了各种适应于不同试验要求的发酵制氢装置[141]。但由于光发酵制氢需要考虑光源分布情况，目前光发酵制氢装置的研究还处于实验室研究阶段，研究者还需要对规模化生物制氢反应器进行大量的研究。

基于生物制氢过程模拟和经济效率计算的研究表明，整个生物制氢过程中最昂贵的部分是厌氧制氢装置的建造，它超过了整个工艺成本的80%，从而限制了当前生物制氢的工业化发展[142]。因此，制氢装置的设计和优化在降低生产工艺成本和提高制氢效率方面起着至关重要的作用。

生物制氢装置是产氢微生物的载体和场所，以利于有机物进行代谢制氢。这就要求装置具有很好的密闭性，能为产氢微生物提供产氢所需的厌氧环境，光发酵产氢装置内部需要提供均匀且足够强度的光照度。目前，根据结构形式，制氢装置主要分为板式、管式[143]、箱式和柱式[144,145]等；根据光源布置形式，光发酵装置可分为内置光源和外置光源两种（表1-1）。

表1-1 各种光发酵装置对比

结构形式	照明	传质	规模化	经济性
开放式	无过程控制，自然光照	液相循环较慢，气体交换较差	仅限于特定区域	商业化小球藻和盐藻生长
搅拌式	光传递较差，只有人工照明	液体回流程度高，机械搅拌能耗高	受限于内部光源要求	推广应用非常昂贵
垂直圆柱	比表面积较小，需要人工照明	气泡上升提供了很好的剪切力，对产氢微生物剪切力较低	光照度随着尺寸的增大而衰减严重，材料选择比较困难	微生物和浮游生物生长，规模化培植应用

续表

结构形式	照明	传质	规模化	经济性
管式	光照面积大，适合户外操作	随管道方向气泡率变化较大	通过组合实现扩增，特殊材料可以用于产氢	商业小球藻生长，不利于制氢应用
板式	比表面积大，易于室外操作	难以控制光衰竭	操作灵活，可以实现多种方式扩增	模块化生产，规模化生产应用

（1）板式制氢反应器

板式光发酵制氢反应器通常采用钢铁和高强度塑料等材料作为骨架，并且使用高透光材料诸如玻璃和亚克力板等作为透光面板进行制作。可以通过调整反应器横向宽度和光源光照度等方式来满足光合产氢细菌的光照度需求，从而提高产氢效率。

板式反应器具有较大的比表面积，这有利于达到较高的光合效率而有利于光合产氢的进行。通常，板式反应器是垂直的，并且光源可以从一侧照射到反应器表面。而在实际生产中，户外板式反应器可能是垂直面向太阳倾斜放置的，这样有利于获得最佳的太阳光辐射[146]。板式反应器操作灵活，可以实现批次模式和连续模式。板式反应器还需要研究的是规模化生产过程中的扩增问题、反应器的控制问题、产氢细菌在反应器壁面上的聚集问题等。

图1-4中，Tamburic等以透明的聚甲基丙烯酸甲酯板作为双层保温材料，

图1-4 双室平板光生物反应器

设计了一个3.9L的板式光发酵产氢反应器，并且在反应器中装置传感器来检测产氢藻类的pH值、溶解氧、温度和光照度等数据[147]。

Hoekema等以不锈钢框架和三聚碳酸酯板建造了体积为2.4L的气动搅拌平板式光反应器（图1-5）。该反应器由2个隔室组成，前舱用来培养细菌，后舱用来水浴循环保温使温度控制在30℃，使用2个500W的钨丝灯作为反应器的光源，将钨丝灯安装在框架上方，通过调整与反应器的距离，确保反应器表面平均光照度为175W/m²，试验结果表明气动搅拌可以有效提高产氢速率[148]。

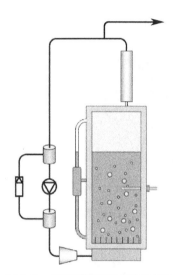

图1-5　气动搅拌平板式光反应器

E. Nakada等采用5cm厚度的有机玻璃作为采光面，研制了一个体积为11L的板式光合反应器，采用钨丝灯作为反应器光源，在反应器和光源中间放置可以过滤红外光的水箱，并且起到控制温度的作用[149]。

张志萍等使用有机玻璃设计了体积为100mL的折流板式光合反应器，以LED作为试验光源，综合评价了水力滞留时间对3种反应器（折流板式光合反应器、上流式折流板反应器和管式反应器）产氢性能的影响，发现折流板式光合反应器的性能最佳，获得了7.37mmol/（L·L）的最大产氢速率和512.29mmol/L的累计产氢量[69]。

Thanwised等使用丙烯酸材料研制了一个体积为24L（有效体积14.25L）的矩形折流板式制氢装置，反应器分为6个反应室，试验以木薯废水为产氢底物，研究了水力滞留时间对产氢和化学需氧量去除的影响，产氢速率呈抛物线形状的趋势，在水力滞留时间为6h时获得（883.19±7.89）mL/（L·d）的最大产氢速率[93]。

　　光穿透性差、搅拌和温度控制难等问题阻碍了光发酵反应器的设计。平板光发酵反应器具有很多优点，但是反应器的搅拌是一个需要考虑的问题。Gilbert等开发了一种平板光发酵生物反应器（图1-6），用来解决摇动搅拌的问题，试验以 *Rhodobacter sphaeroides* O.U. 001为光合细菌，以苹果酸为产氢底物，得到了492mL的最大累计产氢量，11mL/(L·h)的产氢速率，底物转化率为44.4%，光转化率为3.31%[150]。

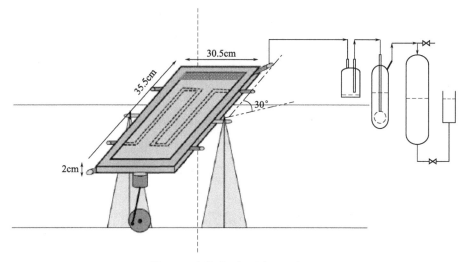

图1-6　光发酵平板反应器示意图

（2）柱式制氢反应器

　　张志萍等使用体积为126mL的上流式管式反应器，采用LED灯为反应器提供光源，研究了水力滞留时间对反应器光发酵产氢的影响[69]。

　　Chu等设计了一个直径为145mm，高度为205mm的2.5L的连续搅拌釜式反应器（图1-7），得到了最佳产氢条件为：水力滞留时间1h，产氢速率88.73L/(L·d)，底物利用率92.95%，比产氢量1.37mol/mol己糖[151]。

　　Rollin等设计、构建并测试了一个产氢系统，反应器可以对反应液及逆行精确控制，保持恒温，防止反应液氧化，以1mL的圆柱玻璃瓶为反应器，以葡萄糖为产氢底物，在60℃时，得到了157mmol/(L·h)的产氢速率[152]。

　　Sivagurunathan等设计了一个体积为1L（有效体积0.56L）的连续流搅拌釜式反应器，在温度为37℃的条件下，研究了水力滞留时间对反应器性能、可溶性代谢产物、微生物演变和能量产率的影响，在水力滞留时间为1.5h时，得到

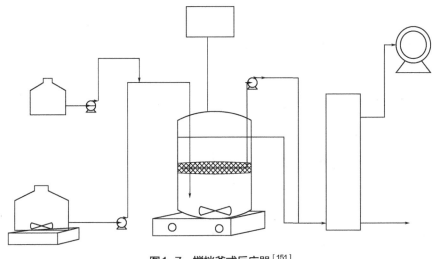

图1-7　搅拌釜式反应器[151]

55L/（L·d）的最大产氢速率[153]。

Ottaviano等利用一个1.98L的上流式厌氧流化床，研究了不同底物浓度和水力滞留时间对干酪乳清产氢的影响，在水力滞留时间为0.5h时，得到最大产氢速率（4.1±0.2）L/（L·h），水力滞留时间为4h时最大产氢量为（3.67±0.59）mol/mol乳糖[89]。

Rosa等设计了一个圆柱式厌氧流化床反应器，直径为2.2cm，体积为0.77L，以干酪乳清粉为底物，研究了不同水力滞留时间和不同接种量对产氢性能的影响，液相结果分析得到的主要代谢副产物是可溶性乙酸、丁酸、乙醇和甲醇，在水力滞留时间为4h时，得到了最高产氢量为1.33mol/mol乳糖，最高的乙醇产量为1.22mol/mol乳糖[90]。

Amorim等利用一个体积为4.192L的厌氧流化床，以热预处理的厌氧污泥为接种物，以葡萄糖为产氢底物，在30℃条件下，研究了底物浓度和水力滞留时间对暗发酵生物制氢的影响，当水力滞留时间为2h且底物浓度为2g/L时，获得2.49mol/g的最大产氢量，在水力滞留时间和底物浓度分别为1h和10g/L时，得到最大产氢速率1.46L/（L·h）[84]。

Mariakakis等利用一个40L（有效体积为30L）的硼硅酸盐玻璃瓶作为反应器（图1-8），以糖为碳源，对底物浓度和pH值控制对大型实验室规模暗发酵制氢的影响进行了研究，结果发现连续控制pH值的批次试验相比只调控初始pH值的试验组具有更好的产氢性能，在连续控制pH值条件下，微酸环境条件（pH6.5）时具有最佳产氢性能，随着pH值增大到6.5～7之间，反应器的产氢量开始下降，在连续控制pH值和糖浓度分别为6.5和25g/L时，获得1.79mol/mol己糖的最大产氢量[85]。

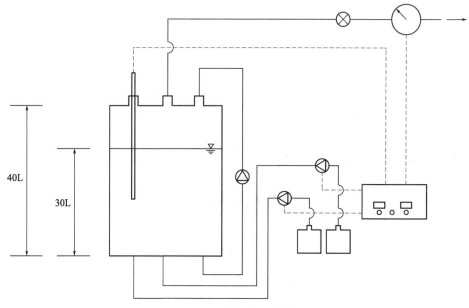

图1-8 暗发酵产氢反应器

林秋裕等研制了一个中试化暗发酵制氢反应器（体积为0.4m³），以蔗糖为碳源，在底物浓度为20g COD/L、35℃的条件下，验证了中试化暗发酵制氢反应器的可行性，研究结果发现pH值可以显著影响产氢速率和菌落分布，当pH值在5.5～6之间时，反应器产氢性能稳定；当水力滞留时间为12h时，产氢速率达到（2.71±0.98）m³/（m³·d），产氢量为（1.01±0.37）mol/mol蔗糖[154]。

任南琪等研制了一个有效体积为1.48m³的厌氧连续制氢反应器，以糖蜜废水为产氢底物，反应器在温度为（35±1）℃、pH值为5～6.5、有机负荷率为3.11～85.57kg COD/（m³·d）条件下运行了200d，研究结果发现反应器产氢量随着有机负荷率[3.11～68.21kg COD/（m³·d）]的增加而增加；超过最佳有机负荷率值后，产氢量开始下降；在有机负荷率为68.21kg COD/（m³·d）得到最大产氢速率5.57m³/（m³·d）[86]。

Hafez等设计了一个一体化生物制氢反应器（包含1个体积为5L的连续搅拌釜反应器和1个有效体积为8L的露天重力沉降器），以葡萄糖为产氢底物，研究了水力滞留时间和生物量对连续产氢的影响，反应器在37℃条件下运行了65天，结果表明当水力滞留时间为8h、葡萄糖浓度为8g/L时，反应器达到最大产氢速率（9.6±0.9）L/（L·d），产氢量为（2.8±0.3）mol/mol [95]。

Adessi等研制了一个3L的制氢反应器，分别以 *Lactobacillus amylovorus* DSM 20532和 *Rhodopseudomonas palustris* 42OL作为暗发酵产氢细菌和光发酵产氢细菌，采用面包作为产氢底物，该系统获得了3.1mol/mol葡萄糖的产氢量，能量回收率达到了54MJ/t干物质 [155]。

Mahmod等研制了一个以活性污泥为暗发酵产氢细菌的上流式厌氧污泥反应器（有效体积15L），以棕榈油厂废水为产氢底物测试了反应器的稳定性，研究了水力滞留时间（3～48h）对反应器的影响，在水力滞留时间为6h时，获得最大产氢量2.45mol/mol蔗糖，最大产氢速率11.75L/（L·d），*Clostridium* spp.为主要优势菌种，乙酸和丁酸为主要的发酵副产物 [156]。

Zhang等设计了一个圆筒型光纤生物反应器（直径50mm，长300mm），利用光纤强化了生物膜连续光发酵产氢，在530nm单色光源、19.5mol/（m²·s）的光照度、水力滞留时间为5h、初始pH值为7.0的条件下，得到了0.85mmol/（g·h）的产氢速率和47.1%的光转化率 [157]。

不同的反应器因为结构不同，产氢性能也会有很大的差异（表1-2）。根据试验的不同要求，研究者们增加了不同的辅助设施用来满足试验的要求。在实验室规模的条件下，研究者们可以很容易地实现对反应器条件的精确控制，但是在大型生物制氢过程中，操作者在进料出料、取样检测、条件保障等方面都有很大的困难，试验准确性、安全性、成本都是需要着重考虑的问题。

表1-2　不同类型的生物制氢反应器产氢性能对比

底物	反应器类型	代谢类型	产氢速率/[mol/(m³·d)]	反应器尺寸/L	文献
猪粪	序批式	乙酸、乙醇、丁酸、戊酸	146.9	4	[158]
餐厨垃圾	活塞式	丁酸、乙酸、丙酸	空白	150	[159]
	连续流搅拌釜	乙酸、丁酸、乙醇、乳酸	69.4	1	[161]
有机城市垃圾+屠宰场垃圾	半连续流	丁酸、己酸或乙酸	空白	1	[160]
食物废弃物	批量或两阶段	乙酸、丁酸或乙醇、丙酸	36.7	0.5	[162]
	连续流搅拌釜	乙酸、丁酸	9.4	3	[163]

底物	反应器类型	代谢类型	产氢速率 /[mol/(m³ · d)]	反应器尺寸 /L	文献
废糕点水解物	连续流动固定化污泥	空白	313	5.6	[164]
	连续流搅拌釜	空白	223	5.6	[164]
玉米秸秆水解物	连续流搅拌釜	乙酸、丁酸、乙醇	340	0.6	[165]
废面包	连续流搅拌釜	空白	302	3.5	[166]
蔗糖	连续流	乙醇、乙酸盐、丁酸	636.3	400	[87]
发酵糖蜜	连续流搅拌釜	乙酸、乙醇	214	1480	[86]
蒸馏废水	连续流	乙醇、挥发性脂肪酸	63.6	100000	[167]
食品工业废物	连续流搅拌釜	乙酸、丁酸	440	0.4	[168]

参考文献

[1] BP 世界能源统计年鉴 [J]. 2018.

[2] Hu J J, Lei T Z, Wang Z W, et al. Economic, environmental and social assessment of briquette fuel from agricultural residues in China - A study on flat die briquetting using corn stalk [J]. Energy, 2014, 64: 557-566.

[3] Jiang D P, Ge X M, Zhang Q G, et al. Comparison of liquid hot water and alkaline pretreatments of giant reed for improved enzymatic digestibility and biogas energy production [J]. Bioresource Technology, 2016, 216: 60-68.

[4] Abdel-Basset M, Gamal A, Chakrabortty R K, et al. Evaluation of sustainable hydrogen production options using an advanced hybrid MCDM approach: A case study [J]. International Journal of Hydrogen Energy, 2021, 46 (5): 4567-4591.

[5] Aasadnia M, Mehrpooya M. Large-scale liquid hydrogen production methods and approaches: A review [J]. Applied Energy, 2018, 212: 57-83.

[6] Ghimire A, Frunzo L, Pirozzi F, et al. A review on dark fermentative biohydrogen production from organic biomass: Process parameters and use of by-products [J]. Applied Energy, 2015, 144: 73-95.

[7] Lu C. Photosynthetic biological hydrogen production reactors, systems, and process optimizatio. [J]. Waste to Renewable Biohydrogen, 2021: 201-223.

[8] Sousa J A, Silva P P, Machado A E H, et al. Application of computational chemistry methods to obtain thermodynamic data for hydrogen production from liquefied petroleum gas [J]. Brazilian Journal of Chemical Engineering, 2013, 30 (1): 83-93.

[9] Ursua A, Gandia L M, Sanchis P. Hydrogen production from water electrolysis: Current status and future trends [J]. Proceedings of the Ieee, 2012, 100 (3): 811-811.

[10] Rahim A H A, Tijani A S, Kamarudin S K, et al. An overview of polymer electrolyte membrane electrolyzer for hydrogen production: Modeling and mass transport [J]. Journal of Power Sources, 2016, 309: 56-65.

[11] AlZahrani A A, Dincer I. Thermodynamic and electrochemical analyses of a solid oxide electrolyzer for hydrogen production [J]. International Journal of Hydrogen Energy, 2017, 42 (33): 21404-21413.

[12] Lu C, Jiang D, Jing Y, et al. Enhancing photo-fermentation biohydrogen production from corn stalk by iron ion [J]. Bioresource Technology, 2022, 345: 126457.

[13] Lu C Y, Jing Y Y, Zhang H, et al. Biohydrogen production through active saccharification and photo-fermentation from alfalfa [J]. Bioresource Technology, 2020, 304: 123007.

[14] Lu C Y, Li W Z, Zhang Q G, et al. Enhancing photo-fermentation biohydrogen production by strengthening the beneficial metabolic products with catalysts [J]. Journal of Cleaner Production, 2021, 317: 128437.

[15] Lu C Y, Tahir N, Li W Z, et al. Enhanced buffer capacity of fermentation broth and biohydrogen production from corn stalk with Na_2HPO_4/NaH_2PO_4 [J]. Bioresource Technology, 2020, 313: 123783.

[16] Levin D B, Pitt L, Love M. Biohydrogen production: Prospects and limitations to practical application [J]. International Journal of Hydrogen Energy, 2004, 29 (2): 173-185.

[17] Kannah R Y, Kavitha S, Sivashanmugham P, et al. Biohydrogen production from rice straw: Effect of combinative pretreatment, modelling assessment and energy balance consideration [J]. International Journal of Hydrogen Energy, 2019, 44 (4): 2203-2215.

[18] 张志萍, 周雪花, 冯宜鹏, 等. 基于响应面法的秸秆与粪便联合制氢预混工艺优化 [J]. 农业机械学报, 2013, 44 (9): 97-101.

[19] Sambusiti C, Bellucci M, Zabaniotou A, et al. Algae as promising feedstocks for fermentative biohydrogen production according to a biorefinery approach: A comprehensive review [J]. Renewable & Sustainable Energy Reviews, 2015, 44: 20-36.

[20] Rumpel S, Siebel J F, Fares C, et al. Enhancing hydrogen production of microalgae by

redirecting electrons from photosystem I to hydrogenase [J]. Energy & Environmental Science, 2014, 7 (10): 3296-3301.

[21] Tamagnini P, Axelsson R, Lindberg P, et al. Hydrogenases and hydrogen metabolism of cyanobacteria [J]. Microbiology and Molecular Biology Reviews, 2002, 66 (1): 1-20.

[22] Colmenares J C, Magdziarz A, Aramendia M A, et al. Influence of the strong metal support interaction effect (SMSI) of Pt/TiO$_2$ and Pd/TiO$_2$ systems in the photocatalytic biohydrogen production from glucose solution [J]. Catalysis Communications, 2011, 16 (1): 1-6.

[23] Bharatvaj J, Preethi V, Kanmani S. Hydrogen production from sulphide wastewater using Ce^{3+}-TiO$_2$ photocatalysis [J]. International Journal of Hydrogen Energy, 2018, 43 (8): 3935-3945.

[24] Saraswat S K, Rodene D D, Gupta R B. Recent advancements in semiconductor materials for photoelectrochemical water splitting for hydrogen production using visible light [J]. Renewable & Sustainable Energy Reviews, 2018, 89: 228-248.

[25] Chong M L, Sabaratnam V, Shirai Y, et al. Biohydrogen production from biomass and industrial wastes by dark fermentation [J]. International Journal of Hydrogen Energy, 2009, 34 (8): 3277-3287.

[26] Akhbari A, Ibrahim S, Zinatizadeh A A, et al. Evolutionary prediction of biohydrogen production by dark fermentation [J]. Clean-Soil Air Water, 2019, 47 (1).

[27] Karim A, Islam M A, Faizal C K M, et al. Enhanced biohydrogen production from citrus wastewater using anaerobic sludge pretreated by an electroporation technique [J]. Industrial & Engineering Chemistry Research, 2019, 58 (2): 573-580.

[28] Kumar G, Sivagurunathan P, Pugazhendhi A, et al. A comprehensive overview on light independent fermentative hydrogen production from wastewater feedstock and possible integrative options [J]. Energy Conversion and Management, 2017, 141: 390-402.

[29] Lee D J, Show K Y, Su A. Dark fermentation on biohydrogen production: Pure culture [J]. Bioresource Technology, 2011, 102 (18): 8393-8402.

[30] Rittmann S, Herwig C. A comprehensive and quantitative review of dark fermentative biohydrogen production [J]. Microbial Cell Factories, 2012, 11.

[31] Li X, Wang Y H, Zhang S L, et al. Effects of light/dark cycle, mixing pattern and partial pressure of H-2 on biohydrogen production by *Rhodobacter sphaeroides* ZX-5 [J]. Bioresource Technology, 2011, 102 (2): 1142-1148.

[32] Mandal B, Nath K, Das D. Improvement of biohydrogen production under decreased partial pressure of H-2 by *Enterobacter cloacae* [J]. Biotechnology Letters, 2006, 28 (11): 831-835.

[33] Lee H S, Vermaas W F J, Rittmann B E. Biological hydrogen production: Prospects and

challenges [J]. Trends in Biotechnology, 2010, 28 (5): 262-271.

[34] Guadarrama-Perez O, Hernandez-Romano J, Garcia-Sanchez L, et al. Simultaneous bio-electricity and bio-hydrogen production in a continuous flow single microbial electrochemical reactor [J]. Environmental Progress & Sustainable Energy, 2019, 38 (1): 297-304.

[35] Ramos L R, Silva E L. Continuous hydrogen production from cofermentation of sugarcane vinasse and cheese whey in a thermophilic anaerobic fluidized bed reactor [J]. International Journal of Hydrogen Energy, 2018, 43 (29): 13081-13089.

[36] Lu C Y, Wang Y, Lee D J, et al. Biohydrogen production in pilot-scale fermenter: Effects of hydraulic retention time and substrate concentration [J]. Journal of Cleaner Production, 2019, 229: 751-760.

[37] Lu C Y, Zhang H, Zhang Q G, et al. An automated control system for pilot-scale biohydrogen production: Design, operation and validation [J]. International Journal of Hydrogen Energy, 2020, 45 (6): 3795-3806.

[38] Lu C Y, Zhang Z P, Ge X M, et al. Bio-hydrogen production from apple waste by photosynthetic bacteria HAU-M1 [J]. International Journal of Hydrogen Energy, 2016, 41 (31): 13399-13407.

[39] Lu C Y, Zhang Z P, Zhou X H, et al. Effect of substrate concentration on hydrogen production by photo-fermentation in the pilot-scale baffled bioreactor [J]. Bioresource Technology, 2018, 247: 1173-1176.

[40] Zhang Q G, Wang Y, Zhang Z P, et al. Photo-fermentative hydrogen production from crop residue: A mini review [J]. Bioresource Technology, 2017, 229: 222-230.

[41] Hu J J, Jing Y Y, Zhang Q G, et al. Enzyme hydrolysis kinetics of micro-grinded maize straws [J]. Bioresource Technology, 2017, 240: 177-180.

[42] Hu J J, Jing Y Y, Zhang Q G, et al. Mesophilic and thermophilic photo-hydrogen production from micro-grinded, enzyme-hydrolyzed maize straws [J]. International Journal of Hydrogen Energy, 2017, 42 (45): 27618-27622.

[43] 任南琪, 李建政, 林明, 等. 产酸发酵细菌产氢机理探讨 [J]. 太阳能学报, 2002 (1): 124-128.

[44] Zhang Q G, Hu J J, Lee D J. Pretreatment of biomass using ionic liquids: Research updates [J]. Renewable Energy, 2017, 111: 77-84.

[45] 张全国, 王毅. 光合细菌生物制氢技术研究进展 [J]. 农业机械学报, 2013, 44 (6): 156-161.

[46] Zhang Z, Zhou X, Hu J, et al. Photo-bioreactor structure and light-heat-mass transfer properties in photo-fermentative bio-hydrogen production system: A mini review [J].

International Journal of Hydrogen Energy, 2017, 42 (17): 12143-12152.

[47] Zhang Z, Li Y, Zhang H, et al. Potential use and the energy conversion efficiency analysis of fermentation effluents from photo and dark fermentative bio-hydrogen production [J]. Bioresource Technology, 2017, 245 (Pt A): 884-889.

[48] Jiang D P, Ge X M, Zhang T, et al. Photo-fermentative hydrogen production from enzymatic hydrolysate of corn stalk pith with a photosynthetic consortium [J]. International Journal of Hydrogen Energy, 2016, 41 (38): 16778-16785.

[49] 蒋丹萍, 韩滨旭, 王毅, 等. HAU-M1光合产氢细菌的生理特征和产氢特性分析 [J]. 太阳能学报, 2015, 36 (2): 289-294.

[50] Li Y, Zhang Z, Jing Y, et al. Statistical optimization of simultaneous saccharification fermentative hydrogen production from *Platanus orientalis* leaves by photosynthetic bacteria HAU-M1 [J]. International Journal of Hydrogen Energy, 2017, 42 (9): 5804-5811.

[51] Wang Y, Zhou X H, Lu C Y, et al. Screening and optimization of mixed culture of photosynthetic bacteria and its characteristics of hydrogen production using cattle manure wastewater [J]. Journal of Biobased Materials and Bioenergy, 2015, 9 (1): 82-87.

[52] Van G S, Logan B E. Inhibition of biohydrogen production by undissociated acetic and butyric acids [J]. Environmental Science & Technology, 2005, 39 (23): 9351-9356.

[53] Dreschke G, Papirio S, Sisinni D M G, et al. Effect of feed glucose and acetic acid on continuous biohydrogen production by *Thermotoga neapolitana* [J]. Bioresource Technology, 2019, 273: 416-424.

[54] Garcia-Depraect O, Rene E R, Diaz-Cruces V F, et al. Effect of process parameters on enhanced biohydrogen production from tequila vinasse via the lactate-acetate pathway [J]. Bioresource Technology, 2019, 273: 618-626.

[55] Valdez-Guzman B E, Rios-Del Toro E E, Cardenas-Lopez R L, et al. Enhancing biohydrogen production from *Agave tequilana* bagasse: Detoxified vs. undetoxified acid hydrolysates [J]. Bioresource Technology, 2019, 276: 74-80.

[56] Qin Y, Li L, Wu J, et al. Co-production of biohydrogen and biomethane from food waste and paper waste via recirculated two-phase anaerobic digestion process: Bioenergy yields and metabolic distribution [J]. Bioresource Technology, 2019, 276: 325-334.

[57] Lu C Y, Zhang H, Zhang Q G, et al. Optimization of biohydrogen production from cornstalk through surface response methodology [J]. Journal of Biobased Materials and Bioenergy, 2019, 13 (6): 830-839.

[58] Ziara R M M, Miller D N, Subbiah J, et al. Lactate wastewater dark fermentation: The effect of temperature and initial pH on biohydrogen production and microbial community [J].

International Journal of Hydrogen Energy, 2019, 44 (2): 661-673.

[59] Qiu C S, Yuan P, Sun L P, et al. Effect of fermentation temperature on hydrogen production from xylose and the succession of hydrogen-producing microflora [J]. Journal of Chemical Technology and Biotechnology, 2017, 92 (8): 1990-1997.

[60] Sattar A, Arslan C, Ji C Y, et al. Quantification of temperature effect on batch production of bio-hydrogen from rice crop wastes in an anaerobic bio reactor [J]. International Journal of Hydrogen Energy, 2016, 41 (26): 11050-11061.

[61] Zhang K, Ren N Q, Wang A J. Fermentative hydrogen production from corn stover hydrolyzate by two typical seed sludges: Effect of temperature [J]. International Journal of Hydrogen Energy, 2015, 40 (10): 3838-3848.

[62] Shi X Q, Kim D H, Shin H S, et al. Effect of temperature on continuous fermentative hydrogen production from *Laminaria japonica* by anaerobic mixed cultures [J]. Bioresource Technology, 2013, 144: 225-231.

[63] Gadow S I, Li Y Y, Liu Y Y. Effect of temperature on continuous hydrogen production of cellulose [J]. International Journal of Hydrogen Energy, 2012, 37 (20): 15465-15472.

[64] Yossan S, O-Thong S, Prasertsan P. Effect of initial pH, nutrients and temperature on hydrogen production from palm oil mill effluent using thermotolerant consortia and corresponding microbial communities [J]. International Journal of Hydrogen Energy, 2012, 37 (18): 13806-13814.

[65] Ngoma L, Masilela P, Obazu F, et al. The effect of temperature and effluent recycle rate on hydrogen production by undefined bacterial granules [J]. Bioresource Technology, 2011, 102 (19): 8986-8991.

[66] Luo G, Xie L, Zou Z H, et al. Fermentative hydrogen production from cassava stillage by mixed anaerobic microflora: Effects of temperature and pH [J]. Applied Energy, 2010, 87 (12): 3710-3717.

[67] Karadag D, Puhakka J A. Effect of changing temperature on anaerobic hydrogen production and microbial community composition in an open-mixed culture bioreactor [J]. International Journal of Hydrogen Energy, 2010, 35 (20): 10954-10959.

[68] Espinoza-Escalante F M, Pelayo-Ortíz C, Navarro-Corona J, et al. Anaerobic digestion of the vinasses from the fermentation of *Agave tequilana* Weber to tequila: The effect of pH, temperature and hydraulic retention time on the production of hydrogen and methane [J]. Biomass and Bioenergy, 2009, 33 (1): 14-20.

[69] Zhang Z P, Wang Y, Hu J J, et al. Influence of mixing method and hydraulic retention time on hydrogen production through photo-fermentation with mixed strains [J]. International Journal

of Hydrogen Energy, 2015, 40 (20): 6521-6529.

[70] Aguilar M A R, Fdez-Guelfo L A, Alvarez-Gallego C J, et al. Effect of HRT on hydrogen production and organic matter solubilization in acidogenic anaerobic digestion of OFMSW [J]. Chemical Engineering Journal, 2013, 219: 443-449.

[71] Mariakakis I, Bischoff P, Krampe J, et al. Effect of organic loading rate and solids retention time on microbial population during bio-hydrogen production by dark fermentation in large lab-scale [J]. International Journal of Hydrogen Energy, 2011, 36 (17): 10690-10700.

[72] Lee D Y, Xu K Q, Kobayashi T, et al. Effect of organic loading rate on continuous hydrogen production from food waste in submerged anaerobic membrane bioreactor [J]. International Journal of Hydrogen Energy, 2014, 39 (30): 16863-16871.

[73] Shen L H, Bagley D M, Liss S N. Effect of organic loading rate on fermentative hydrogen production from continuous stirred tank and membrane bioreactors [J]. International Journal of Hydrogen Energy, 2009, 34 (9): 3689-3696.

[74] Guo L, Zong Y, Lu M M, et al. Effect of different substrate concentrations and salinity on hydrogen production from mariculture organic waste (MOW) [J]. International Journal of Hydrogen Energy, 2014, 39 (2): 736-743.

[75] Eker S, Sarp M. Hydrogen gas production from waste paper by dark fermentation: Effects of initial substrate and biomass concentrations [J]. International Journal of Hydrogen Energy, 2017, 42 (4): 2562-2568.

[76] Akutsu Y, Li Y Y, Harada H, et al. Effects of temperature and substrate concentration on biological hydrogen production from starch [J]. International Journal of Hydrogen Energy, 2009, 34 (6): 2558-2566.

[77] Yang G and Wang J L. Biohydrogen production by co-fermentation of sewage sludge and grass residue: Effect of various substrate concentrations [J]. Fuel, 2019, 237: 1203-1208.

[78] Antonopoulou G, Gavala H N, Skiadas I V, et al. Effect of substrate concentration on fermentative hydrogen production from sweet sorghum extract [J]. International Journal of Hydrogen Energy, 2011, 36 (8): 4843-4851.

[79] Zahedi S, Sales D, Romero L I, et al. Hydrogen production from the organic fraction of municipal solid waste in anaerobic thermophilic acidogenesis: Influence of organic loading rate and microbial content of the solid waste [J]. Bioresource Technology, 2013, 129: 85-91.

[80] Tawfik A, Salem A. The effect of organic loading rate on bio-hydrogen production from pre-treated rice straw waste via mesophilic up-flow anaerobic reactor [J]. Bioresource Technology, 2012, 107: 186-190.

[81] Phowan P and Danuirutai P. Hydrogen production from cassava pulp hydrolysate by mixed

seed cultures: Effects of initial pH, substrate and biomass concentrations [J]. Biomass & Bioenergy, 2014, 64: 1-10.

[82] Lazaro C Z, Perna V, Etchebehere C, et al. Sugarcane vinasse as substrate for fermentative hydrogen production: The effects of temperature and substrate concentration [J]. International Journal of Hydrogen Energy, 2014, 39 (12): 6407-6418.

[83] Lee K S, Hsu Y F, Lo Y C, et al. Exploring optimal environmental factors for fermentative hydrogen production from starch using mixed anaerobic microflora [J]. International Journal of Hydrogen Energy, 2008, 33 (5): 1565-1572.

[84] de Amorim E L C, Sader L T, Silva E L. Effect of substrate concentration on dark fermentation hydrogen production using an anaerobic fluidized bed reactor [J]. Applied Biochemistry and Biotechnology, 2012, 166 (5): 1248-1263.

[85] Mariakakis I, Krampe J, Steinmetz H. Effect of pH control strategies and substrate concentration on the hydrogen yield from fermentative hydrogen production in large laboratory-scale [J]. Water Science & Technology, 2012, 65 (2): 262-269.

[86] Ren N Q, Li J Z, Li B K, et al. Biohydrogen production from molasses by anaerobic fermentation with a pilot-scale bioreactor system [J]. International Journal of Hydrogen Energy, 2006, 31 (15): 2147-2157.

[87] Lin C Y, Wu S Y, Lin P J, et al. A pilot-scale high-rate biohydrogen production system with mixed microflora [J]. International Journal of Hydrogen Energy, 2011, 36 (14): 8758-8764.

[88] Wang Y L, Wang D B, Chen F, et al. Effect of triclocarban on hydrogen production from dark fermentation of waste activated sludge [J]. Bioresource Technology, 2019, 279: 307-316.

[89] Ottaviano L M, Ramos L R, Botta L S, et al. Continuous thermophilic hydrogen production from cheese whey powder solution in an anaerobic fluidized bed reactor: Effect of hydraulic retention time and initial substrate concentration [J]. International Journal of Hydrogen Energy, 2017, 42 (8): 4848-4860.

[90] Rosa P R F, Santos S C, Sakamoto I K, et al. Hydrogen production from cheese whey with ethanol-type fermentation: Effect of hydraulic retention time on the microbial community composition [J]. Bioresource Technology, 2014, 161: 10-19.

[91] Lin P J, Chang J S, Yang L H, et al. Enhancing the performance of pilot-scale fermentative hydrogen production by proper combinations of HRT and substrate concentration [J]. International Journal of Hydrogen Energy, 2011, 36 (21): 14289-14294.

[92] Silva-Illanes F, Tapia-Venegas E, Schiappacasse M C, et al. Impact of hydraulic retention time (HRT) and pH on dark fermentative hydrogen production from glycerol [J]. Energy, 2017, 141: 358-367.

[93] Thanwised P, Wirojanagud W, Reungsang A. Effect of hydraulic retention time on hydrogen production and chemical oxygen demand removal from tapioca wastewater using anaerobic mixed cultures in anaerobic baffled reactor (ABR) [J]. International Journal of Hydrogen Energy, 2012, 37 (20): 15503-15510.

[94] dos Reis C M, Silva E L. Effect of upflow velocity and hydraulic retention time in anaerobic fluidized-bed reactors used for hydrogen production [J]. Chemical Engineering Journal, 2011, 172 (1): 28-36.

[95] Hafez H, Baghchehsaraee B, Nakhla G, et al. Comparative assessment of decoupling of biomass and hydraulic retention times in hydrogen production bioreactors [J]. International Journal of Hydrogen Energy, 2009, 34 (18): 7603-7611.

[96] Buitron G, Munoz-Paez K M, Hernandez-Mendoza C E. Biohydrogen production using a granular sludge membrane bioreactor [J]. Fuel, 2019, 241: 954-961.

[97] Badiei M, Jahim J M, Anuar N, et al. Effect of hydraulic retention time on biohydrogen production from palm oil mill effluent in anaerobic sequencing batch reactor [J]. International Journal of Hydrogen Energy, 2011, 36 (10): 5912-5919.

[98] Wang B, Li Y, Ren N. Biohydrogen from molasses with ethanol-type fermentation: Effect of hydraulic retention time [J]. International Journal of Hydrogen Energy, 2013, 38 (11): 4361-4367.

[99] Sivagurunathan P, Anburajan P, Kumar G, et al. Effect of hydraulic retention time (HRT) on biohydrogen production from galactose in an up-flow anaerobic sludge blanket reactor [J]. International Journal of Hydrogen Energy, 2016, 41 (46): 21670-21677.

[100] Buitron G, Carvajal C. Biohydrogen production from *Tequila vinasses* in an anaerobic sequencing batch reactor: Effect of initial substrate concentration, temperature and hydraulic retention time [J]. Bioresource Technology, 2010, 101 (23): 9071-9077.

[101] Wang D B, Zhang D, Xu Q X, et al. Calcium peroxide promotes hydrogen production from dark fermentation of waste activated sludge [J]. Chemical Engineering Journal, 2019, 355: 22-32.

[102] Wang Y L, Zhao J W, Wang D B, et al. Free nitrous acid promotes hydrogen production from dark fermentation of waste activated sludge [J]. Water Research, 2018, 145: 113-124.

[103] Wang Y, Zhou X H, Hu J J, et al. A comparison between simultaneous saccharification and separate hydrolysis for photofermentative hydrogen production with mixed consortium of photosynthetic bacteria using corn stover [J]. International Journal of Hydrogen Energy, 2017, 42 (52): 30613-30620.

[104] Al-Mohammedawi H H, Znad H, and Eroglu E. Improvement of photofermentative

biohydrogen production using pre-treated brewery wastewater with banana peels waste [J]. International Journal of Hydrogen Energy, 2019, 44 (5): 2560-2568.

[105] 路朝阳, 王毅, 荆艳艳, 等. 基于BBD模型的玉米秸秆光合生物制氢优化实验研究 [J]. 太阳能学报, 2014, 35 (8): 1511-1516.

[106] Kim D H, Son H, Kim M S. Effect of substrate concentration on continuous photo-fermentative hydrogen production from lactate using *Rhodobacter sphaeroides* [J]. International Journal of Hydrogen Energy, 2012, 37 (20): 15483-15488.

[107] Zhu S N, Zhang Z P, Li Y M, et al. Analysis of shaking effect on photo-fermentative hydrogen production under different concentrations of corn stover powder [J]. International Journal of Hydrogen Energy, 2018, 43 (45): 20465-20473.

[108] Subudhi S, Mogal S K, Kumar N R, et al. Photo fermentative hydrogen production by a new strain; *Rhodobacter sphaeroides* CNT 2A, isolated from pond sediment [J]. International Journal of Hydrogen Energy, 2016, 41 (32): 13979-13985.

[109] Wang R Q, Cui C W, Jin Y R, et al. Photo-fermentative hydrogen production from mixed substrate by mixed bacteria [J]. International Journal of Hydrogen Energy, 2014, 39 (25): 13396-13400.

[110] Kapdan I K, Kargi F, Oztekin R, et al. Bio-hydrogen production from acid hydrolyzed wheat starch by photo-fermentation using different *Rhodobacter* sp. [J]. International Journal of Hydrogen Energy, 2009, 34 (5): 2201-2207.

[111] Lee J Z, Klaus D M, Maness P C, et al. The effect of butyrate concentration on hydrogen production via photofermentation for use in a Martian habitat resource recovery process [J]. International Journal of Hydrogen Energy, 2007, 32 (15): 3301-3307.

[112] Zhu Z N, Shi J P, Zhou Z H, et al. Photo-fermentation of *Rhodobacter sphaeroides* for hydrogen production using lignocellulose-derived organic acids [J]. Process Biochemistry, 2010, 45 (12): 1894-1898.

[113] Kim D H, Cha J, Kang S, et al. Continuous photo-fermentative hydrogen production from lactate and lactate-rich acidified food waste [J]. International Journal of Hydrogen Energy, 2013, 38 (14): 6161-6166.

[114] Al-Mohammedawi H H, Znad H, and Eroglu E. Synergistic effects and optimization of photo-fermentative hydrogen production of *Rhodobacter sphaeroides* DSM 158 [J]. International Journal of Hydrogen Energy, 2018, 43 (33): 15823-15834.

[115] Akman M C, Erguder T H, Gunduz U, et al. Investigation of the effects of initial substrate and biomass concentrations and light intensity on photofermentative hydrogen gas production by Response Surface Methodology [J]. International Journal of Hydrogen

Energy, 2015, 40 (15): 5042-5049.

[116] Srikanth S, Mohan S V, Devi M P, et al. Acetate and butyrate as substrates for hydrogen production through photo-fermentation: Process optimization and combined performance evaluation [J]. International Journal of Hydrogen Energy, 2009, 34 (17): 7513-7522.

[117] Abreu A A, Tavares F, Alves M M, et al. Garden and food waste co-fermentation for biohydrogen and biomethane production in a two-step hyperthermophilic-mesophilic process [J]. Bioresource Technology, 2019, 278: 180-186.

[118] Park J H, Kim D H, Kim H S, et al. Granular activated carbon supplementation alters the metabolic flux of *Clostridium butyricum* for enhanced biohydrogen production [J]. Bioresource Technology, 2019, 281: 318-325.

[119] Hay J X W, Wu T Y, Juan J C, et al. Biohydrogen production through photo fermentation or dark fermentation using waste as a substrate: Overview, economics, and future prospects of hydrogen usage [J]. Biofuels Bioproducts & Biorefining-Biofpr, 2013, 7 (3): 334-352.

[120] Su H B, Cheng J, Zhou J H, et al. Improving hydrogen production from cassava starch by combination of dark and photo fermentation [J]. International Journal of Hydrogen Energy, 2009, 34 (4): 1780-1786.

[121] Su H B, Cheng J, Zhou J H, et al. Hydrogen production from water hyacinth through dark- and photo- fermentation [J]. International Journal of Hydrogen Energy, 2010, 35 (17): 8929-8937.

[122] Argun H, Kargi F, Kapdan I K. Effects of the substrate and cell concentration on bio-hydrogen production from ground wheat by combined dark and photo-fermentation [J]. International Journal of Hydrogen Energy, 2009, 34 (15): 6181-6188.

[123] Hitit Z Y, Lazaro C Z, Hallenbeck P C. Single stage hydrogen production from cellulose through photo-fermentation by a co-culture of *Cellulomonas fimi* and *Rhodopseudomonas palustris* [J]. International Journal of Hydrogen Energy, 2017, 42 (10): 6556-6566.

[124] Cheng J, Su H B, Zhou J H, et al. Hydrogen production by mixed bacteria through dark and photo fermentation [J]. International Journal of Hydrogen Energy, 2011, 36 (1): 450-457.

[125] Lo Y C, Chen C Y, Lee C M, et al. Photo fermentative hydrogen production using dominant components (acetate, lactate, and butyrate) in dark fermentation effluents [J]. International Journal of Hydrogen Energy, 2011, 36 (21): 14059-14068.

[126] Lo Y C, Chen S D, Chen C Y, et al. Combining enzymatic hydrolysis and dark-photo fermentation processes for hydrogen production from starch feedstock: A feasibility study [J]. International Journal of Hydrogen Energy, 2008, 33 (19): 5224-5233.

[127] Ozmihci S, Kargi F. Bio-hydrogen production by photo-fermentation of dark fermentation

effluent with intermittent feeding and effluent removal [J]. International Journal of Hydrogen Energy, 2010, 35 (13): 6674-6680.

[128] Sagnak R, Kargi F. Hydrogen gas production from acid hydrolyzed wheat starch by combined dark and photo-fermentation with periodic feeding [J]. International Journal of Hydrogen Energy, 2011, 36 (17): 10683-10689.

[129] Chen C Y, Yang M H, Yeh K L, et al. Biohydrogen production using sequential two-stage dark and photo fermentation processes [J]. International Journal of Hydrogen Energy, 2008, 33 (18): 4755-4762.

[130] Su H B, Cheng J, Zhou J H, et al. Combination of dark- and photo-fermentation to enhance hydrogen production and energy conversion efficiency [J]. International Journal of Hydrogen Energy, 2009, 34 (21): 8846-8853.

[131] Cheng J, Su H B, Zhou J H, et al. Microwave-assisted alkali pretreatment of rice straw to promote enzymatic hydrolysis and hydrogen production in dark- and photo-fermentation [J]. International Journal of Hydrogen Energy, 2011, 36 (3): 2093-2101.

[132] Yang H H, Guo L J, Liu F. Enhanced bio-hydrogen production from corncob by a two-step process: Dark- and photo-fermentation [J]. Bioresource Technology, 2010, 101 (6): 2049-2052.

[133] Argun H, Kargi F. Photo-fermentative hydrogen gas production from dark fermentation effluent of ground wheat solution: Effects of light source and light intensity [J]. International Journal of Hydrogen Energy, 2010, 35 (4): 1595-1603.

[134] Ochs D, Wukovits W, Ahrer W. Life cycle inventory analysis of biological hydrogen production by thermophilic and photo fermentation of potato steam peels (PSP) [J]. Journal of Cleaner Production, 2010, 18: S88-S94.

[135] Zong W M, Yu R S, Zhang P, et al. Efficient hydrogen gas production from cassava and food waste by a two-step process of dark fermentation and photo-fermentation [J]. Biomass & Bioenergy, 2009, 33 (10): 1458-1463.

[136] Mishra P, Thakur S, Singh L, et al. Enhanced hydrogen production from palm oil mill effluent using two stage sequential dark and photo fermentation [J]. International Journal of Hydrogen Energy, 2016, 41 (41): 18431-18440.

[137] Yang H H, Shi B F, Ma H Y, et al. Enhanced hydrogen production from cornstalk by dark- and photo-fermentation with diluted alkali-cellulase two-step hydrolysis [J]. International Journal of Hydrogen Energy, 2015, 40 (36): 12193-12200.

[138] Liu B F, Ren N Q, Tang J, et al. Bio-hydrogen production by mixed culture of photo- and dark-fermentation bacteria [J]. International Journal of Hydrogen Energy, 2010, 35 (7):

2858-2862.

[139] Liu B F, Ren N Q, Xie G J, et al. Enhanced bio-hydrogen production by the combination of dark- and photo-fermentation in batch culture [J]. Bioresource Technology, 2010, 101 (14): 5325-5329.

[140] Zagrodnik R, Laniecki M. The effect of pH on cooperation between dark-and photo-fermentative bacteria in a co-culture process for hydrogen production from starch [J]. International Journal of Hydrogen Energy, 2017, 42 (5): 2878-2888.

[141] 廖强, 张川, 朱恂, 等. 光合细菌生物制氢反应器研究进展 [J]. 应用与环境生物学报, 2008, 14 (6): 871-876.

[142] Ihrig D F, Heise H M, Brunert U, et al. Combination of biological processes and fuel cells to harvest solar energy [J]. Journal of Fuel Cell Science and Technology, 2008, 5 (3).

[143] Dasgupta C N, Gilbert J J, Lindblad P, et al. Recent trends on the development of photobiological processes and photobioreactors for the improvement of hydrogen production [J]. International Journal of Hydrogen Energy, 2010, 35 (19): 10218-10238.

[144] Zhang X, Li D P, Zhang Y P, et al. Comparison of photobioreactors for cultivation of *Undaria pinnatifida* gametophytes [J]. Biotechnology Letters, 2002, 24 (18): 1499-1503.

[145] Janssen M, Tramper J, Mur L R, et al. Enclosed outdoor photobioreactors: Light regime, photosynthetic efficiency, scale-up, and future prospects [J]. Biotechnology and Bioengineering, 2003, 81 (2): 193-210.

[146] Carvalho A P, Meireles L A, Malcata F X. Microalgal reactors: A review of enclosed system designs and performances [J]. Biotechnology Progress, 2006, 22 (6): 1490-1506.

[147] Tamburic B, Zemichael F W, Crudge P, et al. Design of a novel flat-plate photobioreactor system for green algal hydrogen production [J]. International Journal of Hydrogen Energy, 2011, 36 (11): 6578-6591.

[148] Hoekema S, Bijmans M, Janssen M, et al. A pneumatically agitated flat-panel photobioreactor with gas re-circulation: Anaerobic photoheterotrophic cultivation of a purple non-sulfur bacterium [J]. International Journal of Hydrogen Energy, 2002, 27 (11-12): 1331-1338.

[149] E.Nakada S N, Y. Asada, J. Miyake. Photosynthetic bacterial hydrogen production combined with a fuel cell [J]. International Journal of Hydrogen Energy, 1999, 24: 1053 - 1057.

[150] Gilbert J J, Ray S, Das D. Hydrogen production using *Rhodobacter sphaeroides* (OU 001) in a flat panel rocking photobioreactor [J]. International Journal of Hydrogen Energy, 2011, 36 (5): 3434-3441.

[151] Chu C Y, Hastuti Z D, Dewi E L, et al. Enhancing strategy on renewable hydrogen

production in a continuous bioreactor with packed biofilter from sugary wastewater [J]. International Journal of Hydrogen Energy, 2016, 41 (7): 4404-4412.

[152] Rollin J A, Ye X H, del Campo J M, et al. Novel hydrogen bioreactor and detection apparatus [J]. Bioreactor Engineering Research and Industrial Applications Ii, 2016, 152: 35-51.

[153] Sivagurunathan P, Sen B, Lin C Y. High-rate fermentative hydrogen production from beverage wastewater [J]. Applied Energy, 2015, 147: 1-9.

[154] Lin C Y, Wu S Y, Lin P J, et al. Pilot-scale hydrogen fermentation system start-up performance [J]. International Journal of Hydrogen Energy, 2010, 35 (24): 13452-13457.

[155] Adessi A, Venturi M, Candeliere F, et al. Bread wastes to energy: Sequential lactic and photo-fermentation for hydrogen production [J]. International Journal of Hydrogen Energy, 2018, 43 (20): 9569-9576.

[156] Mahmod S S, Azahar A M, Tan J P, et al. Operation performance of up-flow anaerobic sludge blanket (UASB) bioreactor for biohydrogen production by self-granulated sludge using pre-treated palm oil mill effluent (POME) as carbon source [J]. Renewable Energy, 2019, 134: 1262-1272.

[157] Zhang C, Fu J, Wang B W, et al. Enhancing continuous photo-H-2 production using optical fiber for biofilm formation [J]. Environmental Progress & Sustainable Energy, 2016, 35 (2): 455-460.

[158] Wu X, Zhu J, Dong C Y, et al. Continuous biohydrogen production from liquid swine manure supplemented with glucose using an anaerobic sequencing batch reactor [J]. International Journal of Hydrogen Energy, 2009, 34 (16): 6636-6645.

[159] Jayalakshmi S, Joseph K, Sukumaran V. Bio hydrogen generation from kitchen waste in an inclined plug flow reactor [J]. International Journal of Hydrogen Energy, 2009, 34 (21): 8854-8858.

[160] Gomez X, Moran A, Cuetos M J, et al. The production of hydrogen by dark fermentation of municipal solid wastes and slaughterhouse waste: A two-phase process [J]. Journal of Power Sources, 2006, 157 (2): 727-732.

[161] Chu C F, Xu K Q, Li Y Y, et al. Hydrogen and methane potential based on the nature of food waste materials in a two-stage thermophilic fermentation process [J]. International Journal of Hydrogen Energy, 2012, 37 (14): 10611-10618.

[162] Nathao C, Sirisukpoka U, and Pisutpaisal N. Production of hydrogen and methane by one and two stage fermentation of food waste [J]. International Journal of Hydrogen Energy, 2013, 38 (35): 15764-15769.

[163] Redondas V, Gomez X, Garcia S, et al. Hydrogen production from food wastes and gas post-treatment by CO_2 adsorption [J]. Waste Management, 2012, 32 (1): 60-66.

[164] Han W, Hu Y Y, Li S Y, et al. Effect of organic loading rate on dark fermentative hydrogen production in the continuous stirred tank reactor and continuous mixed immobilized sludge reactor from waste pastry hydrolysate [J]. Waste Management, 2016, 58: 335-340.

[165] Zhao L, Cao G L, Sheng T, et al. Bio-immobilization of dark fermentative bacteria for enhancing continuous hydrogen production from cornstalk hydrolysate [J]. Bioresource Technology, 2017, 243: 548-555.

[166] Han W, Huang J G, Zhao H T, et al. Continuous biohydrogen production from waste bread by anaerobic sludge [J]. Bioresource Technology, 2016, 212: 1-5.

[167] Vatsala T M, Raj S M, Manimaran A. A pilot-scale study of biohydrogen production from distillery effluent using defined bacterial co-culture [J]. International Journal of Hydrogen Energy, 2008, 33 (20): 5404-5415.

[168] Alexandropoulou M, Antonopoulou G, Trably E, et al. Continuous biohydrogen production from a food industry waste: Influence of operational parameters and microbial community analysis [J]. Journal of Cleaner Production, 2018, 174: 1054-1063.

第 **2** 章

连续流暗／光多模式
生物制氢装置设计

　　在连续流暗／光多模式生物制氢装置中，反应液的缓慢流动和液质分布很难用仪器进行检测，另外，由于制氢装置结构的特殊性、菌落自身运动、分子的布朗运动等，使得制氢装置中反应液的流动规律和分布特性更难精确描述。

　　目前针对复杂流体体系的理论分析和实验研究，越来越多的研究者开始利用数学建模对其进行精确的数值模拟分析[1]。连续流暗／光多模式生物制氢装置的反应液流动规律是以葡萄糖为基质产氢的一个流体研究对象，基于生物制氢装置的复杂性和发酵反应过程的不均匀性，采用数值模拟法对连续流暗／光多模式生物制氢装置的速度场进行模拟分析，不仅大大降低了试验研究成本，而且可以获得实际实验中难以获取的制氢装置中各部位连续精确的信息，有助于更全面更充分地了解连续流暗／光发酵制氢装置中流场的分布，对以后制氢装置的设计及改进有很大帮助。非线性流体体系的流动、传递、反应过程的耦合等都非常复杂，通过计算机数值模拟的偏微分方程求解，可以使分析更加准确。采用计算流体力学软件对连续流折流板式生物制氢装置进行模拟，然后在模拟优化的基础上建造生物制氢装置，将会节省大量的试验成本，并且通过流体力学流场分布规律，可以揭示生物制氢装置内产氢菌落和基质的分布规律，为进一步提高生物制氢装置性能提供科学依据。

　　连续流暗／光多模式生物制氢试验装置的稳定运行需要考虑众多影响因

素，一个内部环境稳定、产氢性能良好的制氢试验装置是首先应该考虑的问题[2]。试验装置的结构选型、自动化控制、保温系统、光照系统等都需要进行周密的设计。连续流暗/光多模式生物制氢会被pH值、氧化还原电位、温度、光照度、产气量、氢气浓度等众多参数影响[3-5]。除此之外，这些参数需要被时刻监控、测定、修正，人工监测和控制这些参数会耗费大量的成本和时间。因此，能够自动监测和控制多个参数的自动控制系统，对在工业应用中获得稳定高效的氢气生产至关重要[6]。研究者们对生物制氢自动化控制系统的研究还有很多空白。一些研究者利用自动化控制系统进一步研究了pH缓冲区间周期性极性反转对微生物电解电池产氢的影响[7]。研究者们在系统实施和最佳经营战略的基础上，全面评价了利用太阳能进行电解水制氢的自主电力系统[8]。这些技术虽然是非常有前景的，但是只有进一步改进，才能更有利于推向中试规模生产和工业实施[9]。但是关于利用太阳能提供光照和能源的生物制氢装置自动化设计和运行等方面的研究尚未见报道。

本章使用AutoCAD软件绘制了多种生物制氢装置的几何结构，利用ANSYS ICEM17.0软件对反应器进行了网格划分，使用ANSYS Fluent17.0软件对反应器速度流场进行了数值模拟模型建立和计算。采用层流模型，结合生物制氢装置的流变特性，对连续流暗/光联合生物制氢装置进行了速率场和浓度场模拟研究，确定了最佳连续流折流板式生物制氢装置结构模型。随后设计并建立了连续流暗/光多模式生物制氢装置自动化控制系统，将太阳能热水器、太阳能光导纤维、光伏发电等先进技术集成到生物制氢装置系统中，利用太阳能为系统加热、照明和提供动力。试验开发了一套自动化控制系统，可以控制在线监测、热水/照明/电源供应和进料等。试验利用在线法测量了产气速率、氢气含量、pH值、氧化还原电位、温度、液位等基本参数，将测量结果与使用手动测量的数据进行了比较，以此评估自动化控制系统的准确性。自动化暗/光联合发酵生物制氢装置系统的研究将会有利于实验室和中试规模的生物制氢研究[2]。

2.1　暗/光多模式生物制氢装置设计方案

稳定性、高效性、环保性、低成本性等问题是连续流暗/光联合生物制氢的大规模生产需要考虑的问题，还要兼顾暗发酵细菌和光发酵细菌严格的厌氧条件以及温度控制范围、培养基质的进料和出料、每个反应室反应液的取样测定和气体样品测定、光发酵反应室稳定光照、制氢装置额外电力需求等问题。因此本书中制氢装置的设计应该遵循以下规则[10]：

① 高效性。产氢菌种对产氢性能起着至关重要的作用，本书使用自行富集优化的菌种，暗发酵菌种为活性污泥，光发酵菌种为 HAU-M1 光合产氢细菌。制氢装置保温控制系统可以很好地控制温度，最佳的温度可以使产氢细菌生长活性和产氢能力达到最佳状态。

② 低耗性。制氢装置的正常运行应该充分考虑到其低耗性，从而节约成本，提高效率。本书中试验装置采用太阳能热水保温，采用太阳光为光发酵反应室提供充足的光源，采用太阳能光伏发电方法提供电力支持，基本不需要额外的能源输入。

③ 稳定性。稳定的产氢性能是考核生物制氢试验装置最重要的指标。本书中采用高效的产氢细菌，在最佳的产氢条件下，可以使试验装置达到连续而稳定的产氢效果。且制氢装置安装了大量的自动化控制及监测装置，可以高效地控制制氢装置的运行，及时监测制氢装置各种性能指标，从而保证制氢装置处于最佳的性能状态。

④ 环保性。生物制氢装置设计要遵循环保的原则，生物制氢以工业废水、城市生活垃圾和生物质废弃物等原料为产氢底物，产生清洁的可再生氢气能源。生物制氢以消除环境污染和产生清洁能源为主要优势，因此要尽量避免排放二次污染物。这就要求暗发酵细菌和光发酵细菌最大程度地降解反应液中的有机质，在排入自然界前基本达到清洁无污染水平。

2.1.1 生物制氢装置结构选定

目前生物制氢装置主要为小体积的实验室规模容器，小体积的制氢装置易于反应条件的精确控制，有利于制氢装置内介质的充分融合，外界条件（温度、光照度等）在制氢装置中不会有很大的差异性。然而要实现生物制氢的工业化生产，就必须扩大制氢装置体积。大体积制氢装置会由体积过大造成制氢装置内介质流动性较差，温度差异性较大，光衰竭情况严重，制氢装置死角较大等诸多问题。因此，制氢装置结构的选定成为生物制氢工业化生产的第一步。

(1) 反应器结构选定

生物制氢装置要为产氢细菌提供良好的生长和产氢环境,并且要便于反应液和气体的取样和运行数据的监测。因此制氢装置设计首先要考虑的问题是:

① 制氢装置结构的选定,各个制氢装置的基本参数,反应室之间的连接方式,反应室中折流板的设计,反应室中检测仪器的装置等。

② 暗发酵反应室和光发酵反应室的连接方式,以及体积大小的设计。

搅拌釜式反应器是目前使用较为广泛的生物制氢装置,具有结构简单和易于取样等诸多优点。但是大体积的搅拌釜式反应器会出现较为严重的介质不均匀问题,针对这一问题,最有效的方式是添加搅拌器。搅拌器可以有效地加快反应器中菌种和基质的融合,但是搅拌器的搅拌作用会带有强烈的剪切力,从而影响菌种的正常生理活动。另外,如果光源分布在反应器内部,搅拌釜式反应器不利于光发酵的补光,会影响搅拌器的正常运转,光源分布在外面,又会造成严重的光衰竭。

柱式反应器也是一种常用的生物制氢装置,其结构简单,且可以布置内置光源以提高光利用率。但是大体积的柱式制氢装置也存在一些缺点,要增加制氢装置中的介质流动性,就需要增加搅拌器,这就会造成额外的能量输入,也会影响内置光源的布置。

板式制氢装置具有结构简单、易于扩建和便于测样的优点。缺点是制氢装置需要额外的搅拌器。

综合上述各种制氢装置的优缺点(表2-1),本书采用连续流折流板式制氢装置作为研究对象。一方面,折流板式制氢装置具有结构简单、便于组合、适用于大规模生产等优点。另外,折流板的折流作用对制氢装置中的介质可以起到很好的搅拌作用,可以使制氢装置中的菌种和基质得到充分的混合,提高底物转化率和装置的产氢性能。折流板制氢装置中可以进行内置光源的布置,便于进行光发酵产氢试验。

表2-1 不同类型反应器特点对比

反应器类型	优点	缺点
搅拌釜式反应器	结构简单、易于取样	需要搅拌器、光源分布
柱式反应器	结构简单、易于布置光源	需要搅拌器
板式反应器	结构简单、便于测样、易于扩建	需要搅拌器

（2）折流板反应器结构选定

生物制氢反应器选择折流板式为设计结构，折流板式反应器的上流室和下流室体积比、折流板的形状也是生物制氢装置设计需要考虑的问题。

首先，本章设计了一个上流室和下流室等体积的生物制氢装置，使用FLUENT软件对生物制氢装置内部流场进行了模拟分析，通过流场分布特性为折流板式反应器的选择提供参考。

反应器长、宽、高分别为1.2m×0.9m×1m，折流板高度为0.8m，反应器入口和出口管道直径均为0.05m。水力滞留时间为12h和24h时的速度分别为0.014265m/s和0.007132m/s，雷诺数分别为319.23和159.62。

图2-1中描绘了水力滞留时间为24h时，暗发酵生物制氢反应器中的流场分布，可以发现在反应器中上流室和下流室均具有较强的流场，这样可以大大加强产氢细菌和基质的混合，但是由于较强的剪切力和不稳定的生长产氢环境，不利于生物制氢的稳定高效进行。因此，需要对这种折流板式生物制氢反应器进行进一步的改造。

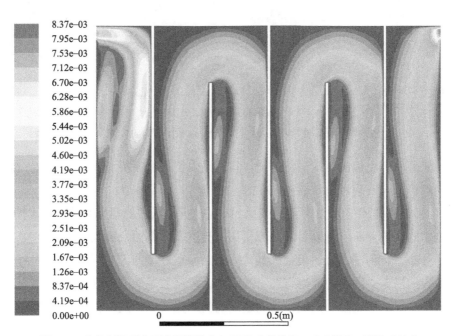

图2-1　生物制氢反应器流场模拟（上/下流室等体积，水力滞留时间为24h）

在对生物制氢装置进行进一步修改时，将折流板的上流室和下流室体积比改为3/1左右，得到图2-2所示的流场图。

图中描绘了水力滞留时间为24h时，暗发酵生物制氢反应器中的流场分布，可以看到下流室和上流室右侧壁面、反应器底部有较强的流场分布，其他部位流场较弱。产氢细菌和基质在生物制氢装置内形成了一条鲜明的流动渠道，容易造成产氢细菌和产氢基质的流失，不利于提高生物制氢装置的产氢性能。

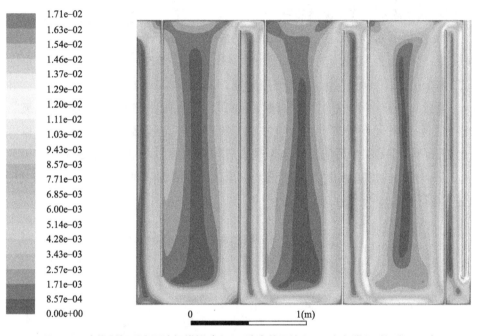

1.71e-02
1.63e-02
1.54e-02
1.46e-02
1.37e-02
1.29e-02
1.20e-02
1.11e-02
1.03e-02
9.43e-03
8.57e-03
7.71e-03
6.85e-03
6.00e-03
5.14e-03
4.28e-03
3.43e-03
2.57e-03
1.71e-03
8.57e-04
0.00e+00

0   1(m)

图2-2　生物制氢反应器流场模拟（上/下流室体积比3/1，水力滞留时间为24h）

随后将折流板的下端进行改造，设计成135°的斜面折流板，这样在下流室的底部可以大大缓解进料带来的冲击。

图2-3中描绘了水力滞留时间为24h时，折流板改造后暗发酵生物制氢反应器中的流场分布，可以看到下流室和上流室右侧壁面、反应器底部有较强的流场分布，有利于产氢细菌和产氢基质向后面反应室的流动；在上流室中形成了明显的涡流，涡流的形成有助于产氢细菌和产氢基质的充分混合；同时上流室大部分地区流场较弱，液体流动造成的剪切力较小，这样有利于产氢细菌的生长和产氢。

因此，本书使用这种135°斜面折流板式反应器为暗/光多模式生物制氢装置进行后面的研究。

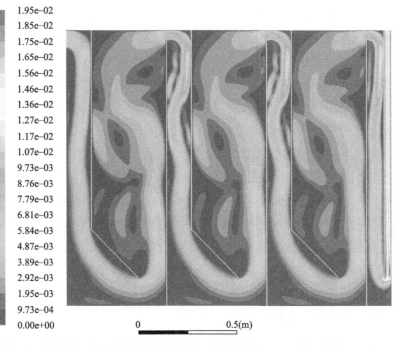

1.95e-02
1.85e-02
1.75e-02
1.65e-02
1.56e-02
1.46e-02
1.36e-02
1.27e-02
1.17e-02
1.07e-02
9.73e-03
8.76e-03
7.79e-03
6.81e-03
5.84e-03
4.87e-03
3.89e-03
2.92e-03
1.95e-03
9.73e-04
0.00e+00

图2-3 生物制氢反应器流场模拟（135°斜面折流板，水力滞留时间为24h）

2.1.2 生物制氢装置保温系统选定

暗/光联合生物制氢装置的正常运行需要提供恒定的温度保障，这是因为最佳的恒定温度会让暗发酵细菌和光发酵细菌保持细菌最佳的生长和产氢状态。实验室中暗发酵细菌为自行富集的活性污泥，最佳的产氢条件为35℃。试验中使用的光发酵细菌为HAU-M1光合产氢细菌，30℃为其最佳的生长和产氢温度。

从绿色环保和低成本运行等角度出发，本书采用太阳能为制氢装置提供保温措施。制氢装置的周围采用泡沫保温材料，制氢装置底部采用循环热水保温层，保温层与保温热水箱相连，热水箱与太阳能热水器相连。

2.1.3 生物制氢装置光源系统选定

连续流暗/光多模式生物制氢试验装置中的光发酵反应室需要为光合细菌提供充足而稳定的光源。在试验中使用白炽灯为光发酵提供光照，白炽灯光源非常接近于自然光,有利于光合细菌生长和产氢。但是在工业生产中,白炽灯作为点光源很难为大体积的光发酵制氢装置提供充足而均匀的光源,另外,大量白炽灯的使用不仅会造成大量能源浪费,也会释放出大量的热量,这些热量会迅速提高光发酵反应液的温度,从而降低光合细菌活性甚至直接杀死光合细菌。光导纤维可以很好地解决资源浪费和热量问题,因此,制氢装置通过光导纤维满足主要的照明需求。

从绿色环保和节约能源的角度出发,根据光合产氢细菌对特定光波长和适宜光照度的显著性吸收特性,试验装置采用太阳光为光发酵制氢装置提供光源。利用太阳能聚焦采光和可调滤光技术相结合的光照采集技术,采用多点布光技术增强反应器内光照的均匀分散性,提高了光能的传输与转化利用率。在太阳光充足的白天,太阳光自动追踪器将太阳光聚集后,通过光导纤维传输到光发酵反应室中;在夜晚和太阳光不够充足时,试验装置利用LED灯作为辅助光源为光发酵反应室提供光源。太阳能光导纤维使生物制氢装置实现了低能耗、绿色环保生物制氢的稳定运行。

2.1.4　生物制氢装置水力滞留时间选定

水力滞留时间是影响生物制氢装置性能最重要的指标之一,它和底物浓度决定了制氢装置的有机负荷率,它会影响生物制氢装置内部的生物量浓度,从而对制氢装置产氢性能产生直接的影响。文献的研究结果表明,水力滞留时间过长时,制氢装置中产氢细菌和基质可以充分地结合,提高底物的利用率,但是由于没有足够的底物,此时会严重影响制氢装置的整体产氢速率;当水力滞留时间过短时,高速度流动的反应液会造成产氢细菌和产氢底物的不充分接触,一方面降低了底物的有效利用率,另一方面也降低了制氢装置的产氢性能。因此,确定最佳的水力滞留时间对提高制氢装置产氢性能具有积极促进作用。前期的实验结果研究发现,暗发酵产氢具有较短的产氢时间(48～72h)[11],光发酵产氢具有较长的产氢时间(72～120h)[12]。

分别利用体积为2.88L和5.28L的暗发酵产氢反应器和光发酵产氢反应器进行实验研究,以此确定水力滞留时间对暗发酵和光发酵产氢的影响规律,为连续流暗/光多模式生物制氢试验装置的反应器体积和水力滞留时间研究范围提供数据参考。

如图2-4所示,连续流折流板式暗发酵反应器每个单元宽度为6cm,其中下流室宽度和上流室宽度分别为2cm和4cm，反应器高度和厚度分别为16cm和10cm，反应器体积为2.88L。

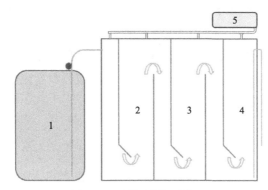

图2-4 暗发酵制氢反应器

1—进料箱；2—#1反应室；3—#2反应室；4—#3反应室；5—集气箱

试验以活性污泥为试验菌种，采用玉米秸秆酶解液作为产氢底物研究了不同水力滞留时间对装置产氢性能的影响。试验首先将玉米秸秆粉碎成180～380μm的粉状颗粒，然后取10g秸秆粉放入到250mL的锥形瓶，以质量比1/10添加纤维素酶，添加150mL pH值为4.8的柠檬酸-柠檬酸钠缓冲液，在50℃热水中水浴60h。冷却至室温后，调整pH值为7，并将秸秆酶解液作为产氢基质，使用恒流泵将酶解液连续泵入暗发酵反应器中，暗发酵反应器的温度设置为35℃ [13]，研究不同水力滞留时间（6～72h）对暗发酵产氢的影响，结果如表2-2所示。

表2-2 水力滞留时间对暗/光发酵产氢的影响

底物浓度 /（g/L）	水力滞留时间 /h	有机负荷率/[g/ （L·d）]	暗发酵		光发酵	
			产氢速率/ [mL/（L·d）]	产氢量 /（mL/g）	产氢速率/ [mL/（L·d）]	产氢量 /（mL/g）
40	6	160	912.34	5.70	0	0.00
40	12	80	1212.05	15.15	612.45	7.66
40	18	53.33	2405.21	45.10	754.25	14.14
40	24	40	1613.12	40.33	812.64	20.32
40	36	26.67	1005.78	37.72	1008.15	37.81
40	48	20	712.38	35.62	812.00	40.60
40	60	16	556.42	34.78	604.34	37.77
40	72	13.33	452.13	33.91	356.24	26.72

从表2-2可以看出，随着水力滞留时间的延长，暗发酵产氢速率呈现抛物线形状的变化趋势，这是因为有机负荷率和水力滞留时间的变化对细菌的生长和产氢条件产生了很大的影响。综合考虑反应器的产氢速率和产氢量，本书选择水力滞留时间为12～48h之间进行后期的试验。

如图2-5所示，连续流折流板式光发酵反应器每个单元宽度为11cm，其中下流室宽度和上流室宽度分别为3cm和8cm，反应器高度和厚度分别为16cm和7.5cm，反应器体积为5.28L。

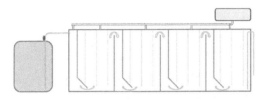

图2-5　光发酵生物制氢反应器结构图

以HAU-M1光合细菌为试验菌种，以水力滞留时间为18h的暗发酵废液为产氢底物，研究了不同水力滞留时间对装置产氢性能的影响。使用5mol/L的NaOH溶液将产氢培养基的pH值调试为7，随后使用竹炭（150～180μm），以体积比为1/20比例对反应液中有害物质进行吸附。设定光发酵反应器温度为30℃，光照度为3000lx[14]，使光合细菌和暗发酵产氢废液以体积比为1/3的比例进料，研究不同水力滞留时间（6～72h）对暗发酵产氢的影响[15]。

随着水力滞留时间的延长，产氢速率呈现抛物线形状的变化趋势，暗发酵产氢废液中的有机酸成分和光合细菌的生长情况综合决定了光发酵产氢量的变化情况，综合考虑到光发酵装置产氢的产氢速率和产氢量，本书选择水力滞留时间为24～72h进行后期的试验。

连续流暗发酵产氢的水力滞留时间为12～48h，连续流光发酵产氢的水力滞留时间为24～72h，暗发酵废液和光发酵产氢细菌的进料比为1/3。为了更好地实现暗/光联合生物制氢，光发酵反应器体积和暗发酵反应器体积比应该控制在2～3较为合适。

2.1.5　生物制氢装置设计标准

根据上述制氢装置设计原则和试验设计要求，制氢装置设计标准如下：
① 结合暗发酵和光发酵产氢水力滞留时间特征，本书设计暗发酵和光发

酵反应室体积分别为 $3m^3$ 左右和 $8m^3$ 左右；

② 制氢装置光照系统采用太阳光照明为主导照明支持，采用 LED 灯为辅助；

③ 制氢装置保温系统以太阳能热水保温为主导，以电加热保温为辅助；

④ 制氢装置电力支持以太阳能光伏发电和风力发电为主要电力支持，以市电为辅助。

2.2 暗/光多模式生物制氢装置数值模拟

为了降低试验研究的成本，本章使用计算流体力学软件分析了生物制氢装置内流场的分布特性，为大型生物制氢反应器的优化设计及试验研究提供宝贵的参数。在模拟分析之前，首先要对制氢装置进行简化预处理。预处理主要工作是创建几何模型，并生成网格。对于一些复杂的几何构型，建议使用专业的机械设计和绘图软件来创造几何形状。网格是预处理过程中最重要的步骤，创建高质量的网格，不仅会提高解决方案的精度，而且减少了计算时间。

CFD中的参数设置主要涉及物理模型（如湍流、多相流等）、材料性质、初始边界条件等。

仿真结果都需要经过处理后才能解释模型的仿真效果，并且后期需要进行进一步的数据分析。后期处理得到高质量的图像对模型的准确性同样具有重要价值。常用的后期处理方法是显示流动和温度的等高线，以及浓度场、速度矢量、路径、示踪路线等。

不同的水力滞留时间对应的折流板式制氢装置中反应液流速是不同的，不同的流速会对制氢装置中底物的利用、菌落的生长以及底物与菌落的混合造成很大的影响。另外，在研究底物浓度对折流板式制氢装置产氢影响时，底物在制氢装置中的浓度分布也是一项重要的参数。但鉴于大型折流板制氢装置的结构限制和厌氧产氢环境的要求，无法直接对制氢装置中各部位底物浓度进行详细而准确的监测。因此，本书使用FLUENT软件模拟了连续流折流板式制氢装置的速度场和浓度场，从云图中可以清晰地看出制氢装置中不同空间位置的反应液速度。速度大的区域会促使底物与产氢微生物的充分混合，而速度小（甚至速度死角）的地方则会造成底物浓度过低，不利于产氢。另外，从FLUENT云图中可以清晰地看出折流板式制氢装置从静态到动态平衡的液体流层形成过程，从各反应室流体云图为反应室产氢速率差异性寻求解释，提高整体产氢数据的可行度，为进一步改进制氢装置结构和提高产氢性能提供数据支持。

为了便于后期更好地开展生物制氢装置流场模拟分析，本章对生物制氢装置的结构绘制、网格建立、数值模拟的步骤都进行了详细的描述。

2.2.1　暗发酵生物制氢装置数值模拟

（1）数值模拟条件假设

连续流暗发酵折流板式制氢装置体系内液相的流动主要以推移运动为主，并且该制氢装置为轴对称图形，综合考虑数值模拟计算特性和制氢装置内的液相流动特性，本章采用二维模型对其进行建模计算，既可以精确地描述制氢装置内速度流场分布，也可以节省较大的工作量和节省计算时间。模型以制氢装置顶部的液面作为基准边界。

对制氢装置进行数值模拟，首先要利用 AutoCAD 软件对制氢装置结构进行精确绘制，然后利用 ICEM 对求解域进行网格划分，最后将网格导入 Fluent 软件中进行边界条件设定和问题计算。

针对复杂的连续流暗发酵折流板式制氢装置，为方便计算，本书对其进行简化，具体数值模拟假设条件如下：

① 由于制氢装置为对称矩形结构，因此将制氢装置简化成二维模型处理；

② 模型中不考虑暗发酵生物反应热，假设整个反应系统在一个稳定的环境中进行，即反应温度不变；

③ 制氢装置入口、集气口和出处与外界相连，制氢装置内压力较小，可以假设反应液为不可压缩流体；

④ 反应液搅拌均匀，假设制氢装置各反应室及反应室各部位的反应液黏度一致；

⑤ 只考虑反应液液体流场，不考虑反应液中细微气泡的影响。

（2）制氢装置网格结构划分

AutoCAD 软件主要用于二维制图和基本三维设计，在工业制图、工程制图、电子工业、服装加工、土木建设和装饰设计等方面得到了广泛的应用。具有将参数化造型工具与ICEM中的网格生成、后处理和网格优化等模块协同联系的功能，极大地提高了网格生成效率。本书利用AutoCAD软件绘制暗/光联合生物制氢装置的2D设计图，用于后期的ICEM和Fluent软件分析。

　　如图2-6所示，制氢装置高1.608m，每个反应室宽度为0.6m，制氢装置左壁面到折流板距离为0.2m，折流板到第1反应室挡板距离为0.4m，折流板上半部分长为1.165m，折流角度为135°，折流板下半部分长为0.4m，两个反应室中间的挡板高度为1.55m，出口导管长度为1.45m。制氢装置模型入口位于制氢装置左侧壁面最上端，入口直径为0.1m，模型出口位于制氢装置上方水平平面的最右端，出口直径为0.04m。

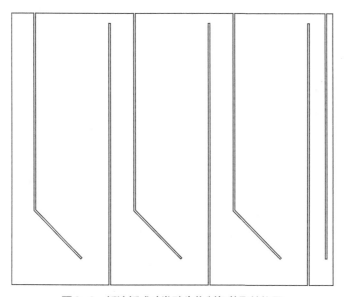

图2-6　折流板式暗发酵生物制氢装置结构图

　　网格划分是数值模拟计算的前期预处理工作，网格划分质量直接决定了后期数值模拟的准确性。四边形网格和三角形网格是比较常见的二维模型，四面体、六面体、金字塔和楔形单元是比较常见的三维模型。根据网格点关系，网格分为结构化网格、非结构化网格和混合网格3种网格。其中结构化网格的优点是具有较高的计算效率和准确性，易于找到准确的处理边界调节，计算过程中可以使用高效隐式算法和多重网格法，缺点是对于外形复杂的网格模拟效果比较差。网格单元和节点之间没有固定的变化是非结构化网格的主要特点，其节点分布没有规律性，这就方便对外形复杂的网格进行建模，可以使计算更加直接，缺点是网格所需内存大，后期模拟计算时间长、准确性差，网格分布各向同性。结合结构化网格和非结构化网格的优点，混合网格具有高质量网格特性。

ICEM CFD（the Integrated Computer Engineering and Manufacturing code for Computational Fluid Dynamics）是ANSYS家族中一款专业的前处理软件，可以为当前普遍使用的计算机辅助工程软件（CAE）提供高效、精确的分析模型。本书利用ICEM CFD17.0进行图像前期处理。生成的网格如图2-7所示。

图2-7　暗发酵制氢装置的网格划分

图2-7展示了折流板暗发酵生物制氢装置的网格划分，网格包含的几何信息为：39条曲线，78个法定点，5部分。块数信息为：总块数为68个，映射块数为68个，处理器数为1。网格元素类型信息为：196515个元素，总节点数为193323。

ICEM CFD通过预网格质量直方图可以通过很多参数对网格质量进行评估，常用的主要包括决定因子（Determinant 2×2×2）和扭曲因子（Distortion）等。一般参数在有限分析中的范围值为0.3～1，如果小于0.3，则会出现负值，导致模拟无法进行计算；数值越接近于1，表明网格划分品质越好。网格划分质量与设置有很大关系，设置好可以提高质量。

通过图2-8可以看到本书中最小的决定因子系数为0.974，最小的扭曲系数为0.989，两个评价系数均非常接近于1，表明网格划分质量非常高。该模型网格可以用于FLUENT软件后期模拟试验，对后期数值模拟奠定了很好的基础。

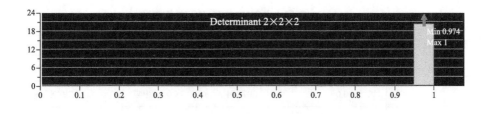

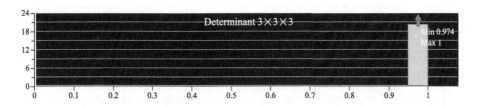

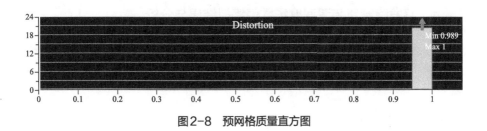

图2-8　预网格质量直方图

（3）速度场数值模拟过程

① 数值模拟模型计算

流体的层流和湍流都是流体的流动状态。层流的特点是流体质点与管轴保持平行做平滑直线流动，流体分层流动，互不混合；流体流动速度较小，雷诺数较小。湍流的特点是流线不清晰，流场中会出现许多小涡旋；流层被破坏，相邻流层之间有滑动和混合；流体流速较大，雷诺数较大。利用FLUENT对制氢装置中的流体进行模拟，首先要判断流体在制氢装置中的流动属性。本书中主要用雷诺数（Re）来判断液体的层流和湍流。

$$Re = \rho v d / \eta \tag{2-1}$$

其中，ρ为液体的密度，kg/m³；v为制氢装置进料口的特征速度，m/s；d为制氢装置进料口的特征直径，m；η为流体的黏度，Pa s。本书中的反应液密度为1000kg/m³，制氢装置进料口直径为0.1m，黏度为0.9820×10^{-3}Pa s。计算得到雷诺数如表2-3所示，雷诺数均小于2000，因此制氢装置内流体流动类型为层流。

表2-3　不同水力滞留时间条件下的雷诺数

水力滞留时间/h	半径/m	面积/m²	速度/(m/s)	雷诺数
48	0.05	0.007854	0.00221	247.3409
36	0.05	0.007854	0.002947	329.7878
24	0.05	0.007854	0.004421	494.6817
12	0.05	0.007854	0.008842	989.3635

② FLUENT模拟设置

FLUENT软件能够很好地兼容其他软件，可以利用它对单块网格、多块网格、二维混合网格、三维混合网格和有悬挂点的网格进行模拟处理。

（4）暗发酵制氢装置速度场数值模拟结果与分析

本章通过FLUENT软件模拟计算连续流暗发酵制氢装置内部速度场的分布图，通过FLUENT结果图可以清晰明了地看出制氢装置内部速度场的分布情况。

① 流体质点轨迹线

从图2-9中可以看出，反应液以一定速度进入连续流暗发酵折流板式制氢装置入口时，反应液在入口处形成射流，质点沿着入口口径方向和垂直高度方向流动。进入制氢装置的第一个反应室的下流室后，在折流板和重力的共同作用下，质点主要以垂直向下运动为主，并且在向下流动过程中，速度迹线范围开始扩大，这是因为在流动过程存在物质间的质量、浓度、速度和能量的交换，速度较大的质点不断向外扩展，直到达到动态平衡。在折流板下端的拐弯处，质点速度迹线变宽，速度变慢，这是因为在下流室的下端空间变大，使得反应液速度变缓慢。而经过折流板最下端时，由于通道变窄，且反应液流动方向由水平运动为主转向垂直向上运动为主，反应液的速度变大。然后反应液进入第1反应室的上流室，随着质点流动空间的增大，质点流动速度变慢，质点迹线范围变大。由于第2反应室和第3反应室跟第1反应室结构基本一致，所以在后两个反应室中也得到了相似的迹线图。在制氢装置的最后，由于通道变窄，反应液速度变大。

从图2-9中可以看出暗发酵折流板式制氢装置的速度场存在一些死角，速度基本为零，这是因为本章的数值模拟将制氢装置的反应液假设为理想状态，只考虑了反应液的流动，没有考虑其他的一些微流，例如菌落的自主运动、温差引起的对流运动和分子的布朗运动等。

② 暗发酵装置瞬态液相流场分布图

在FLUENT非稳态计算中，物理时间步长（time step size）与时间步数（number of time steps）的乘积为物理时间长度，单位时间最大迭代次数（max iterations per time step）表示单位时间步迭代的次数限制。实际迭代时间是由总步数、每步的迭代次数和每次迭代所需时间共同决定的。模拟问题的复杂性、求解方程的规模性和计算机的计算能力共同决定了求解时间的长短。

为更好地了解连续流折流板式制氢装置中速度场分布情况，试验采用瞬态（transient）模型求解器，设置不同的时间步长和时间步数，通过对比不同时刻的速度场分布情况，可以更清晰地了解制氢装置内速率场的分布情况。试验研究了水力滞留时间对连续流暗发酵折流板式装置产氢的影响，首先是48h的批次模式，用来富集制氢装置中的产氢菌落，然后设置不同的水力滞留时间，开始连续进料模式。本次试验设定水力滞留时间24h为研究对象，设定0时刻为连续进料模式的开始。入口速度为0.004424m/s，反应液密度为1000kg/m³，黏度为$0.9820×10^{-3}$Pa s。

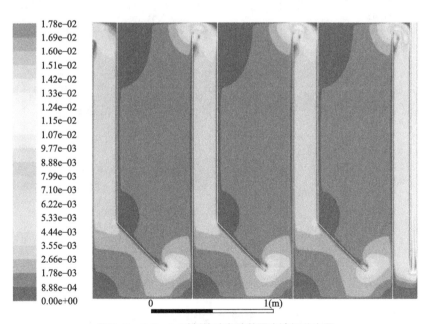

图2-9　0.5min时刻的暗发酵装置内流场分布图

从图2-9中可以看出，在连续产氢模式刚刚开始0.5min时刻时，制氢装置内的速度场分布还不稳定。各个反应室的下流室速度场分布均匀，大约保持在0.00266～0.00355m/s之间；在折流板的拐角处，速度稍微提高，大约保持在0.00444～0.000533m/s之间；上流室的速度很小，大约保持在0.000888～0.00178m/s之间；而在两个反应室中间的通道，由于通道较窄，速度较大，大约保持在0.00799～0.0115m/s之间；在制氢装置出口，速度基本保持在0.0133～0.0142m/s之间。

从图2-10中可以看出，在连续产氢模式刚刚开始3min时刻时，制氢装置内的速度场分布进一步扩散。各个反应室的下流室速度场形成了更加明显的速度等值曲线，但是大部分区域内速度大约保持在0.00374～0.00468m/s之间；在折流板的拐角处，速度稍微提高，大约保持在0.00468～0.000561m/s之间；上流室的速度很小，大约保持在0.000936～0.00187m/s之间；而在两个反应室中间的通道，由于通道较窄，速度较大，大约保持在0.00936～0.0103m/s之间；在制氢装置出口，速度基本保持在0.0140～0.0159m/s之间。

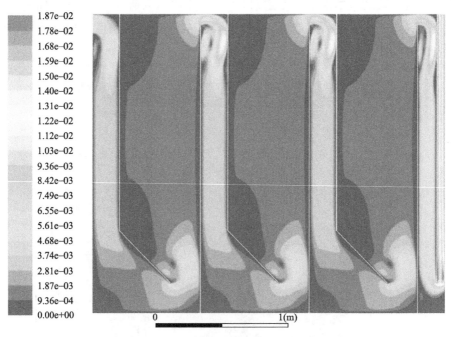

图2-10　3min时刻的暗发酵装置内流场分布图

从图2-11中可以看出，在连续产氢模式刚刚开始10min时刻时，制氢装置内的速度场分布进一步扩散，在反应室的上流室底部逐渐形成了涡流。各个反应室的下流室速度场形成了更加明显的速度等值曲线，但是大部分区域内速度大约保持在0.00288～0.00576m/s之间；在折流板的拐角处形成了更清晰的速度场等值曲线图，并且范围不断扩大，速度大约保持在0.00384～0.000576m/s之间；上流室中上部的速度依然较小，大约保持在0.000961～0.00192m/s之间；而在2个反应室中间的通道，由于通道较窄，速度较大，大约保持在0.00961～0.0115m/s之间；在制氢装置出口，速度基本保持在0.0144～0.0163m/s之间。

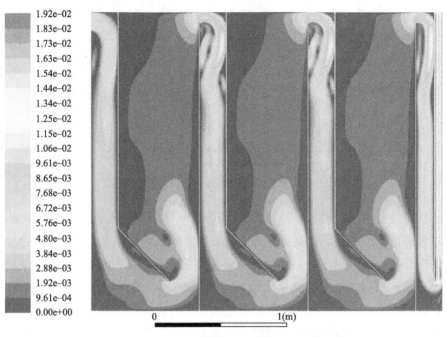

图2-11 10min时刻的暗发酵装置内流场分布图

从图2-12中可以看出，在制氢装置连续产氢模式开始30min时刻时，制氢装置内的速度场分布进一步扩散，在反应室的下流室形成了轮廓清晰的速度等值曲线图，在反应室的上流室底部形成了明显的涡流。各个反应室的下流室速度场形成了更加明显的速度等值曲线，反应液在碰到第1反应室下流室折流板后，速度达到最大值，大约在0.00580～0.00677m/s之间；反应液在经过折流板底部后，在折流板和制氢装置挡板的共同作用下，在反应室的上流室底部形成了更清晰的速度场等值曲线图，并且范围不断扩大，速度最大达到了0.00677m/s左右；上流室上部的速度依然较小，大约保持在0.000967～0.00193m/s之间；而在两个反应室中间的通道，由于通道较窄，速度较大，大约保持在0.00967～0.0116m/s之间；在制氢装置出口，速度基本保持在0.0145～0.0164m/s之间。

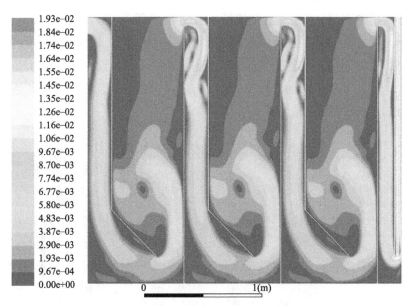

图2-12　30min时刻的暗发酵装置内流场分布图

从图2-13中可以看出，在连续产氢模式开始1h时刻时，制氢装置内的速度场分布进一步扩散，在反应室的上流室底部的涡流整体向上平移。各个反应室的下流室速度场形成了更加明显的速度等值曲线，反应液在碰到第1反应室下流室折流板后，速度达到最大值大约在0.00580～0.00676m/s之间；反应液在经过折流板底部后，在折流板和制氢装置挡板的共同作用下，在反应室的上流室底部形成了更清晰的速度场等值曲线图，并且范围不断扩大，速度最大达到了0.00676m/s左右；上流室左上方部分速度几乎为0，上流室右上部的速度依然较小，大约保持在0.000966～0.00193m/s之间；而在两个反应室中间的通道，由于通道较窄，速度较大，大约保持在0.00966～0.0106m/s之间；在制氢装置出口，速度基本保持在0.0145～0.0164m/s之间。

从图2-14中可以看出，在连续产氢模式开始12h时刻时，制氢装置内的速度场分布进一步扩散，在反应室的上流室底部的涡流整体向上平移至上流室的中部，且整个涡流变成椭圆形。各个反应室的下流室速度场形成了更明显的速度等值曲线，反应液在碰到第1反应室下流室折流板后，速度最大值大约在0.00583～0.00681m/s之间；反应液在经过折流板底部后，在折流板和制氢装置挡板的共同作用下，在反应室的上流室底部形成了更清晰的速度场等值曲线图，并且范围不断扩大，速度最大达到了0.00681m/s左右；上流室左上方部分速度几乎为0，上流室右上部的速度依然较小，大约保持在

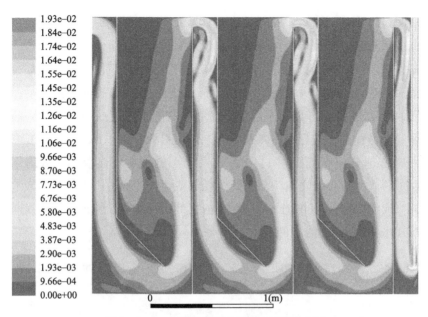

图2-13　1h时刻的暗发酵装置内流场分布图

0.000972 ～ 0.00194m/s之间；而在两个反应室中间的通道，由于通道较窄，速度较大，大约保持在0.00972 ～ 0.0107m/s之间；在制氢装置出口，速度基本保持在0.0146 ～ 0.0165m/s之间。

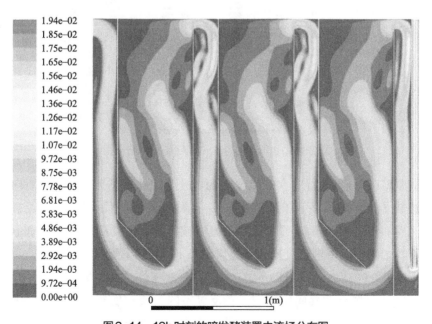

图2-14　12h时刻的暗发酵装置内流场分布图

从图2-15中可以看出，在连续产氢模式开始18h时刻时，制氢装置内的速度场形成了清晰的速度等值曲线图，在反应室的上流室形成了2个涡流，且整个涡流呈现不规则的椭圆形。反应液在碰到第1反应室下流室折流板后，速度最大值大约在0.00582～0.00680m/s之间；反应液在经过折流板底部后，在折流板和制氢装置挡板的共同作用下，在反应室的上流室底部形成了更清晰的速度场等值曲线图，并且范围不断扩大，速度最大达到了0.00680m/s左右；上流室左上方部分速度几乎为0，上流室右上部的速度依然较小，大约保持在0.000971～0.00194m/s之间；而在两个反应室中间的通道，由于通道较窄，速度较大，大约保持在0.00971～0.0107m/s之间；在制氢装置出口，速度基本保持在0.0146～0.0165m/s之间。

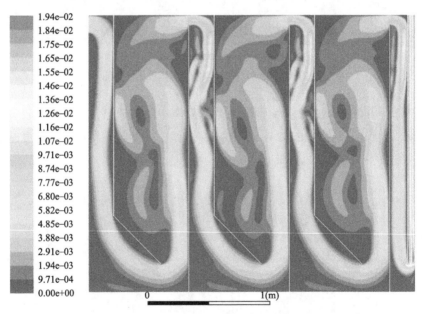

| 1.94e-02 |
| 1.84e-02 |
| 1.75e-02 |
| 1.65e-02 |
| 1.55e-02 |
| 1.46e-02 |
| 1.36e-02 |
| 1.26e-02 |
| 1.16e-02 |
| 1.07e-02 |
| 9.71e-03 |
| 8.74e-03 |
| 7.77e-03 |
| 6.80e-03 |
| 5.82e-03 |
| 4.85e-03 |
| 3.88e-03 |
| 2.91e-03 |
| 1.94e-03 |
| 9.71e-04 |
| 0.00e+00 |

图2-15　18h时刻的暗发酵装置内流场分布图

从图2-16中可以看出，在连续产氢模式开始24h时刻时，制氢装置内的速度场形成了清晰的速度等值曲线图。反应液沿着反应室下流室的右侧折流板和上流室右侧的挡板形成了明显的主流区域，并且在反应室的上流室形成了两个不规则的椭圆形涡流。反应液在碰到第1反应室下流室折流板后，速度最大值大约在0.00586～0.00683m/s之间；反应液在经过折流板底部后，在折流板和制氢装置挡板的共同作用下，在反应室的上流室底部形成了更清晰的速度场等值曲线图，并且范围不断扩大，速度最大达到了0.00683m/s左右；上流室左上方部分速度几乎为0，上流室右上部的速度依然较小，大约保持在0.000976～0.00195m/s之间；而在两个反应室中间的通道，由于通道较窄，速度较大，大约保持在0.00976～0.0107m/s之间；在制氢装置出口，速度基本保持在0.0146～0.0166m/s之间。

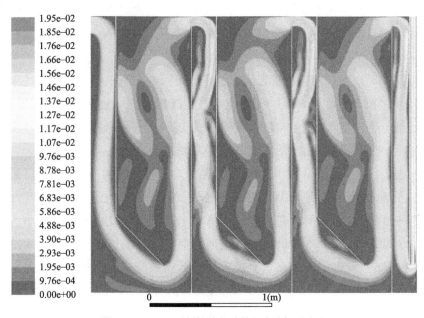

图2-16　24h时刻的暗发酵装置内流场分布图

通过对比分析图2-9～图2-16可知，随着连续模式的进行，在第1反应室的下流室，逐渐形成了轮廓清晰的垂直向下的速度场分布图，反应液在入口处碰到下流室右侧的折流板后，由水平向右转向垂直向下流动；在折流板的最下端，由最开始一点高数值区域，逐渐形成了一条轮廓明显的带状速度场分布图；在反应室的上流室，由最开始的静态模式，逐渐发展为一个涡流，然后又形成两个不规则的椭圆形涡流；在反应室之间的通道处，由最开始一小片的高数值区域逐渐向下形成一条带状的高数值速度场区域；在制氢装置的出口一直保持着高数值的速度场，前后几乎没有变化。

反应液在折流板拐角处和底部的冲击，有利于促进营养物和产氢细菌的搅拌混合，并且可以将沉积在反应室底部的菌落提升到反应室的中上部，进一步促进产氢反应。上流室中逐渐形成的涡流，对促进反应液的搅拌混合，也起到了很重要的作用。

③ 水力滞留时间对流体流场分布图的影响

生物制氢装置的性能是流体动力学、细菌生长和制氢动力学复杂相互作用的结果，这种复杂性使得对生长动力学的分析和分离变得非常困难。计算流体力学软件能够详细地描述制氢装置内的流速分布特性，试验利用 ICEM CFD 对制氢装置进行了 2D 简化模型描绘。

分布图中颜色依次从红色变为绿色及蓝色，依次对应制氢装置反应液速度由大变小。当反应液进入制氢装置时，制氢装置入口较小，速度较大。在制氢装置下流室，反应液沿着制氢装置内部折流板向下流动，经过折流板拐角处和折流板底部时，反应液速度都较大，这正好可以冲击沉积在制氢装置底部的营养物和活性菌落，促进产氢。在制氢装置上流室，反应液沿着隔板速度较大，而折流板一侧速度则较小。随后反应液在经过隔板上部时速度又增大。在制氢装置最后一个下流室，由于出口变小，速度增大。

从图 2-17（见彩插）中可以看出，在水力滞留时间为 48h 时，制氢装置入口得到的液体流动速度为 0.00221m/s，反应液在折流板拐角处的速度大概在 0.0017 ～ 0.0027m/s 之间，在每个反应室右上方的出口处由于通道变小，速度变大，大概在 0.00411 ～ 0.00594m/s 之间，而在制氢装置出口处，最大速度增大到 0.00776 ～ 0.00913m/s 之间。反应液在折流板底部拐角处速度增大，有助于为制氢装置内提供一个强有力的向上的动力，促使制氢装置底部的菌落和营

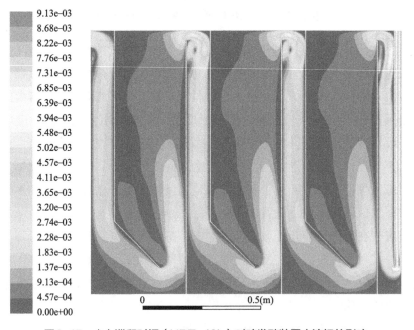

图2-17　水力滞留时间（HRT=48h）对暗发酵装置内流场的影响

养物向上充满整个反应室。每个反应室中下流室的平均速度明显高于上流室平均速度，且反应室之间连通处速度也明显较大，这是由反应液在狭窄处的流速变大所造成的。

从图2-18（见彩插）中可以看出，在水力滞留时间为36h时，制氢装置入口得到液体流动速度为0.002947m/s，反应液在折流板拐角处的速度大概在0.00188～0.00314m/s之间，在每个反应室右上方的出口处由于通道变小，速度变大，大概在0.00503～0.00754m/s之间，而在制氢装置出口处，最大速度增大到0.0107～0.0119m/s之间。每个反应室中下流室的平均速度明显大于上流室平均速度，且反应室之间连通处的速度也明显较大，这是由反应液在狭窄处的流速变大所导致的。在3个反应室的上流室中下部形成了1个涡流，这是由于反应液在流经折流板底部后，撞击到反应室下方的底板和右侧的挡板而形成相反方向的流动，然后又在左侧折流板的作用下，共同形成1个涡流。这个涡流在很大程度上加强了反应液和菌落之间的搅拌作用，对暗发酵产氢起到了积极的促进作用。

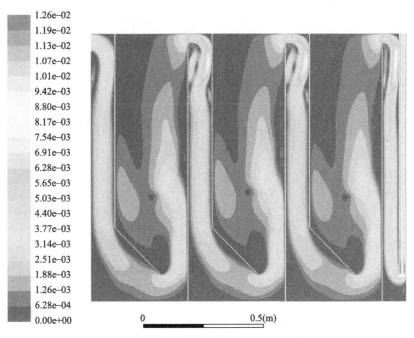

图2-18　水力滞留时间（HRT=36h）对暗发酵装置内流场的影响

从图2-19（见彩插）中可以看出，在水力滞留时间为24h时，制氢装置入口液体流动速度为0.004421m/s，反应液在折流板拐角处的速度大概在

0.00292～0.00487m/s之间，在每个反应室右上方的出口处由于通道变小，速度变大，大概在0.00681～0.0117m/s之间，而在制氢装置出口处，最大速度增大到0.0146～0.0185m/s之间。各个反应室中下流室的平均速度明显大于上流室平均速度，另外，反应室之间连通处速度也明显变大。在3个反应室的上流室下中上部形成了3个涡流，这是由于反应液在流经折流板底部后，撞击到反应室下方的底板和右侧的挡板而形成相反方向的流动，然后又在左侧折流板的作用下，共同形成一个涡流。随后反应液再次循环上一个涡流迹线。3个涡流的形成加强了反应液和菌落之间的搅拌作用，对提高暗发酵产氢量也有非常大的好处。此时，制氢装置得到了最大产氢速率40.45mol/（m³·d），最大生物量浓度1.52g/L。后续章节中试验的研究结果与FLUENT数值模拟结果保持了很好的一致性。

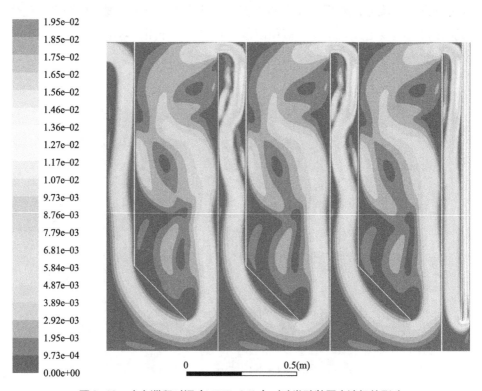

图2-19　水力滞留时间（HRT=24h）对暗发酵装置内流场的影响

从图2-20（见彩插）中可以看出，随着水力滞留时间由48h降低为12h，制氢装置内流体速度越来越快，此时，制氢装置入口反应液速度为0.008842m/s，反应液在折流板拐角处的速度大概在0.00395～0.0192m/s之间，在每个反应室右上方的出口处由于通道变小，速度变大，大概在0.0158～0.0237m/s之间，而在制氢装置出口处，最大速度增大到0.0257～0.0376m/s之间。各个反应室中下流室的平均速度明显大于上流室平均速度，并且反应室之间连通处速度也明显变大。在3个反应室的上流室下部形成了3个不规则的涡流，这是由于反应液在流经折流板底部后，撞击到反应室下方的底板和右侧的挡板而形成相反方向的流动，然后又在左侧折流板的作用下，共同形成一个涡流。涡流的形成加强了反应液和菌落之间的搅拌作用，可以提高暗发酵产氢量。

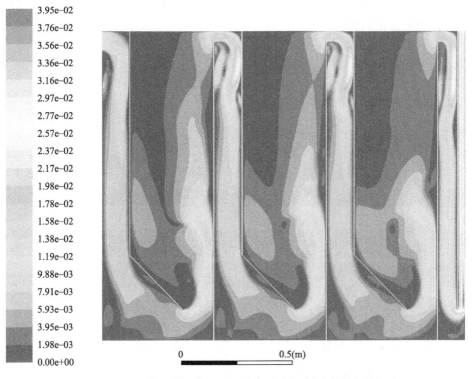

图2-20　水力滞留时间（HRT=12h）对暗发酵装置内流场的影响

对比图2-17～图2-20，可以发现随着水力滞留时间的缩短，制氢装置进料口红色和绿色部分变长。在第2反应室的下流室，绿色部分变长，表明缩短水力滞留时间后，对反应液有较大的搅拌作用。在第2反应室的上流室，由单一的右边挡板高速流层发展为左侧折流板和右侧挡板的高速流层，逐渐形成比较明显的涡流。在第3个反应室下流室的下端，绿色高速流层逐渐增多，变得混乱，表明逐渐形成了较大的涡流区域。同样的在第3反应室的上流室中，由单一的绿色线条，逐渐形成了比较混乱的绿色片域，表明逐渐形成了较大的涡流。在制氢装置最后的下流室，由于反应室出口较小，一直具有较大的高速流层。折流板制氢装置上流室的涡流随着水力滞留时间的缩短而逐渐变得清晰，这样有利于反应液和产氢菌的充分混合，对促进产氢进行具有很大的帮助。

④ 底物浓度对折流板式暗发酵制氢装置液相流场分布的影响

图2-21中（a）～（d）分别为底物浓度为10～40g/L时，暗发酵制氢装置内的速度场分布特性，可以看出图中速度流场没有明显的差异。不同体积和结构的制氢装置，对于不同的底物类型的最佳值有不同的要求，本书中的葡萄糖底物浓度最佳值为30g/L。

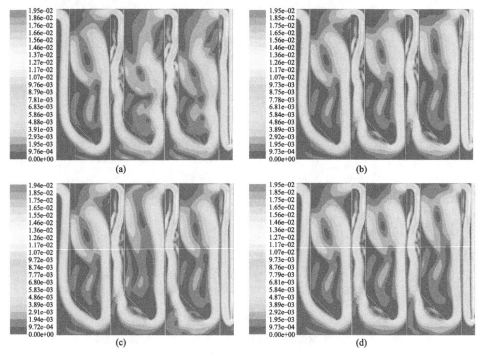

图2-21　不同底物浓度对暗发酵装置内流场的影响

通过FLUENT流体计算云图可以看出，在折流板制氢装置中反应液达到动态平衡后，反应液的动态流层还有很大差异性，因此建议采取修改措施。首先要增大制氢装置的入口和出口直径；然后增大反应室下流室体积，并减小上流室体积，缩小两者之间的差异；还要增大反应之间的通道直径。从而使制氢装置中的反应液动态更加趋于平稳，并减少制氢装置静态死角，提高底物与产氢微生物之间的混合度，从而提高产氢性能。

2.2.2 光发酵生物制氢装置数值模拟

（1）数值模拟假设条件

针对复杂的中试化光发酵折流板式制氢装置，为方便计算，本书中对其进行如下简化：

① 由于制氢装置为对称矩形结构，可以将制氢装置简化成二维模型处理；

② 模型中不考虑光合发酵生物反应热，假设整个反应系统在一个稳定的环境中进行，即反应温度不变；

③ 制氢装置入口、集气口和出口与外界相连，制氢装置内压力较小，假设反应液为不可压缩流体；

④ 反应液搅拌均匀，假设制氢装置各反应室及反应室各部位的反应液黏度一致；

⑤ 只考虑反应液液体流场，不考虑气体的影响。

（2）光发酵制氢装置网格划分

AutoCAD对二维和三维图形都有很好的绘制效果，并且与其他软件具有很好的衔接性。试验中使用AutoCAD对光发酵制氢装置的二维图进行绘制，用于后期的ICEM和FLUENT软件分析。绘制好的光发酵制氢装置二维结构图如图2-22所示。

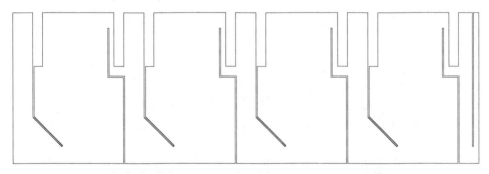

图2-22 规模化光发酵生物制氢折流板式制氢装置结构图

图2-22中，光发酵生物制氢装置模型高度为1.45m，每个反应室的底部长度为1.1m，反应室下流室的上部宽度为0.2m，反应室下流室的折流板垂直长度为1m，折流板下端向右侧倾斜，角度为135°，折流板下半部分长度为0.4m，

反应室的上流式右侧挡板高度为1.304m，出口导管长度为1.2828m。制氢装置模型入口位于制氢装置左侧壁面最上端，入口直径为0.06m，模型出口位于制氢装置上方水平平面的最右端，出口直径为0.06m。

图2-23为光发酵生物制氢反应器的网格图。本书使用ANSYS中的ICEM CFD17.0对网格进行划分，详细网格划分步骤见暗发酵制氢装置划分过程。得到的网格包含几何信息为：89条曲线，178个法定点，6个部分；块数信息为：173个方块，173个映射块数；网格元素类型信息为：347506个元素，342900个节点。

图2-23 规模化光发酵生物制氢折流板式制氢装置网格划分图

ICEM软件中得到的预网格质量直方图如图2-24所示。网格质量直方图反映了网格的划分质量，对后期FLUENT求解器对数值的计算具有非常大的影响。

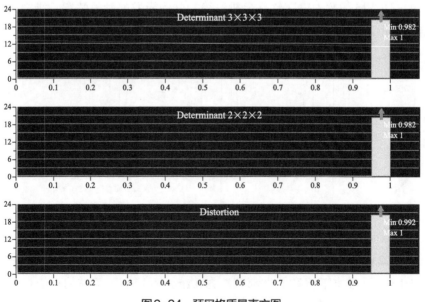

图2-24 预网格质量直方图

可以看出试验中得到的决定因子数值为0.982，和扭曲因子为0.992，两个评价系数都非常接近于1，表明网格划分质量非常好，可以用于后期的FLUENT软件分析。

（3）数值模拟模型计算

在FLUENT软件中对制氢装置中的流体进行模拟时，首先要判断流体在制氢装置中的流动属性，从而决定模拟类型，雷诺数（Re）是判断制氢装置中液体层流与湍流的依据。当雷诺数比较小时，各个质点间的黏性力是制氢装置中流体流动时的主要力，流体各个质点以规则的方式平行于管路内壁流动，此时为层流状态。当雷诺数较大时，各个质点之间的惯性力为主要力，此时为湍流状态。一般在计算过程中，设定管道雷诺数$Re<2000$时为层流，设定$2000<Re<4000$为过渡流，设定$Re>4000$时为湍流。

制氢装置入口为圆管形，采用式（2-2）进行计算：

$$Re=\rho vd/\eta \tag{2-2}$$

其中，ρ表示液体的密度，kg/m³；v表示制氢装置进料口的特征速度，m/s；d表示制氢装置进料口的特征直径，m；η表示液体的黏度，Pa s。本书中的反应液密度为1000kg/m³，制氢装置进料口直径为0.02m，黏度为0.9820×10^{-3}Pa s，计算得到雷诺数信息如表2-4所示，可以看出雷诺数数值均小于2000，因此制氢装置内流体类型为层流。

制氢装置内部的流动属性同样需要通过雷诺数来判定。对于制氢装置内部非圆形管道，同样需要通过雷诺数来进行判断，一般用4倍的水力半径来表示非圆形管道的当量直径，其表达式如下：

$$d=4R_h=\frac{4A}{x} \tag{2-3}$$

其中，d、R_h、A和x分别表示制氢装置内部的当量直径、水力直径、制氢装置内部的流体有效截面积和流体的有效截面上流体与固体壁面的接触长度。试验以制氢装置内部最狭窄处（第1反应室流入第2反应室的通道处）为例，此处长度为0.55m，宽度为0.05m，得到当量直径d为0.0917m。水力滞留时间为72h、48h和24h时的特征速度分别为0.005458m/s、0.008187m/s和0.016374m/s，因此得到此处雷诺数为366.43、549.65和1099.29，均远小于2000，属于层流。

表2-4 不同水力滞留时间条件下的雷诺数

位置	水力滞留时间/h	体积/m³	当量直径/m	面积/m²	速度/(m/s)	雷诺数
入口	72	4	0.06	0.002827	0.005458	366.4309
	48	4	0.06	0.002827	0.008187	549.6464
	24	4	0.06	0.002827	0.016374	1099.293
通道处	72	4	0.091667	0.0275	0.000561	57.55883
	48	4	0.091667	0.0275	0.000842	86.33825
	24	4	0.091667	0.0275	0.001684	172.6765

（4）光发酵制氢装置速度场数值模拟结果与分析

本章中光发酵制氢装置内部速度流场的分布图采用FLUENT软件进行模拟计算，通过FLUENT结果可以清晰明了地看出制氢装置内部速度场的分布情况。

从FLUENT模拟流体质点轨迹线结果中可以看出，反应液以一定速度从制氢装置左边壁面上方进入光发酵制氢装置，反应液在入口处形成射流，质点沿着入口口径方向和垂直方向流动。在第1反应室的下流室中，质点在折流板和重力的双重作用下，主要以垂直向下运动为主，并且在向下的流动过程中，速度迹线范围不断扩大，这是因为流动过程中存在着物质间的质量、浓度、速度和能量交换，速度较大的质点不断向外扩展，直到达到动态平衡。在折流板下端的拐角处，质点速度迹线变宽，速度变慢，这是因为在下流室的下端空间变大，使得反应液的速度变缓慢。随后，质点在经过折流板最下端时，由于通道变窄，且反应液的流动方向由原来的垂直运动变为水平运动，这就使得反应液的速度增大。然后反应液质点进入第1反应室的上流室，质点在碰到上流室右侧的挡板后，开始由水平向右运动改变为垂直向上和左上方运动。一小部分质点在上流室形成一个涡流，其余大部分质点进入第1反应室与第2反应室之间的通道，然后进入后面的反应室。在两个反应室的通道里，由于通道变窄，质点速度增大，在折流板的作用下，形成了几个小的涡流。在第2、第3和第4反应室形成了相似的流动状态。在制氢装置最右侧的出口，由于管道变窄，速度变大。在光发酵折流板式制氢装置中，由于折流板的作用，形成了很多涡流，这有利于反应液的充分混合，对促进光发酵制氢有很大作用。

另外，从分布图中可以看出，光发酵折流板式制氢装置的速度场中存在很多死角，质点速度基本为零，这是因为本章的数值模拟将制氢装置的流场假设为理想状态，只考虑了反应液的流动，没有考虑菌落的自主运动、反应液温差引起的对流运动和分子之间的布朗运动等。

① 光发酵装置瞬态流场分布图

为了更好地模拟连续流折流板式光发酵制氢装置由静态到动态稳定模式过程中间的额速度场分布情况，试验利用瞬态模式求解器，通过设置不同的时间步长和时间步数，对制氢装置内反应液的动态速度场进行了模拟。本次模拟以连续进料模式开始时作为0时刻。试验设定水力滞留时间24h作为研究对象，制氢装置入口速度为0.016374m/s，反应液密度为1000kg/m³，黏度为0.9820×10^{-3}Pa·s。

设置求解器（Solver）中的时间模式（Time）为瞬态（Transient），再依次打开边界条件（Boundary Conditions）→入口（inlet）→速度大小（Velocity Magnitude），设置数值为0.016374m/s。设置求解方法（Solution Methods）中的方案（Scheme）为简单模式（SIMPLE），梯度（Gradient）为最小二乘单元法（Least Squares Cell Based），压力（Pressure）为标准（Standard），动量（Momentum）为一阶迎风格式（First Order Upwind）。设置方案初始化（Solution Initialization）中的计算开端（Compute from）为入口（inlet），然后点击初始化（Initialize）。设置运行计算（Run Calculation）中的时间步进法（Time Stepping Method）为固定式（Fixed），再设置时间步长（Time Step Size）和时间步长数（Number of Time Steps），点击计算（Calculate）开始计算。

从图2-25中可以看出，在连续产氢模式刚刚开始0.5min时刻时，制氢装置内的速度场分布还不稳定。各个反应室的下流室速度场分布均匀，大约保持在0.00488～0.00651m/s之间；在折流板的拐角处，速度稍微加快，大约保持在0.00651～0.000976m/s之间；上流室的速度很小，中间区

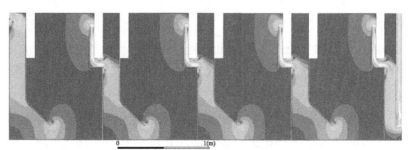

图2-25　0.5min时刻的光发酵装置内流场分布图

域几乎为零；而在两个反应室中间的通道，由于通道较窄，速度较大，大约保持在0.00260～0.0325m/s之间；在制氢装置出口，速度基本保持在0.0179～0.0195m/s之间。

从图2-26中可以看出，在连续产氢模式刚刚开始5min时刻时，制氢装置内的速度场分布进一步扩散。各个反应室的下流室速度场形成了更加明显的速度等值曲线，下流室的上半部分流速较快，但是下半部分速度依然较低，速度大约保持在0.00501～0.00669m/s之间；在折流板的拐角处，速度稍微提高，大约保持在0.00669～0.01m/s之间；上流室右半部分形成了明显的流场，但是速度很小，大约保持在0.00167～0.00334m/s之间，而上流室的左半部分速度几乎为零；而在两个反应室中间的通道，由于通道较窄，速度较高，最大速度达到了0.0334m/s左右；在制氢装置出口，速度基本保持在0.0150～0.0234m/s之间。

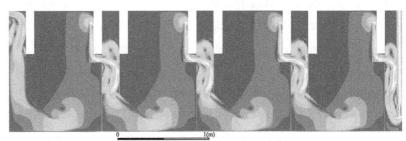

图2-26　5min时刻的光发酵装置内流场分布图

从图2-27中可以看出，在连续产氢模式刚刚开始10min时刻时，制氢装置内的速度场分布进一步扩散，更清晰的速度等值曲线轮廓图在各个反应室中呈现出来。第1个反应室的下流室速度场形成了更加明显的速度等值曲线；在折流板的拐角处形成了更清晰的速度场等值曲线图，并且范围不断扩大，速度大约保持在0.00659～0.00989m/s之间；上流室左半部分速度依然很小，几乎为零；上流室的右侧则形成了更清晰的速度流场分布图，数值大约保持在0.00165～0.00495m/s之间；而在两个反应室中间的通道，由于通道较窄，速度较大，最大值达到了0.0330m/s左右；在制氢装置出口，速度基本保持在0.0198～0.0231m/s之间。

从图2-28中可以看出，在制氢装置连续产氢模式开始20min时刻时，制氢装置内的速度场分布进一步扩散，在反应室的下流室形成了轮廓清晰的速度等值曲线图，在反应室的上流室底部初步形成了涡流。反应液在碰到第1

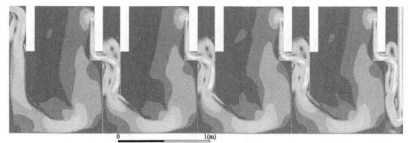

图2-27 10min时刻的光发酵装置内流场分布图

反应室下流室折流板后，速度达到最大值大约在0.00712～0.00890m/s之间；反应液在经过折流板底部后，在折流板和制氢装置挡板的共同作用下，在反应室的上流室右半部分形成了更清晰的速度场等值曲线图，并且范围不断扩大，速度保持在0.00534～0.00712m/s左右；制氢装置的上流室左半部分速度依然很小，基本为零；而在两个反应室中间的通道，由于通道较窄，速度较大，大约保持在0.0303～0.0320m/s之间；在制氢装置出口，速度基本保持在0.0214～0.0249m/s之间。

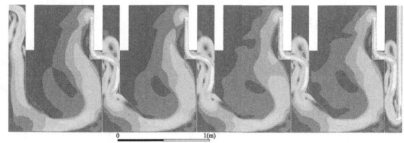

图2-28 20min时刻的光发酵装置内流场分布图

从图2-29中可以看出，在连续产氢模式开始1h时刻时，制氢装置内的速度场分布进一步扩散，在反应室的上流室底部的涡流扩散到整个上流室。各个反应室的下流室速度场形成了更加明显的速度等值曲线，反应液在碰到第1反应室下流室折流板后，速度达到最大值大约在0.00695～0.00869m/s之间；反应液在经过折流板底部后，在折流板和制氢装置挡板的共同作用下，在反应室的上流室底部形成了更清晰的速度场等值曲线图，并且范围不断扩大，速度最大达到了0.00869m/s左右；而在两个反应室中间的通道，由于通道较窄，速度较大，大约保持在0.0261～0.0330m/s之间；在制氢装置出口，速度基本保持在0.0209～0.0243m/s之间。

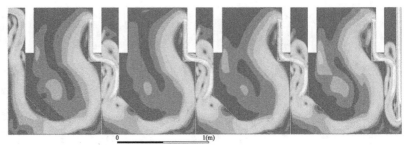

图2-29 1h时刻的光发酵装置内流场分布图

从图2-30中可以看出，在连续产氢模式开始12h时刻时，制氢装置内的速度场分布进一步扩散。各个反应室的下流室速度场形成了更加明显的速度等值曲线，反应液在碰到第1反应室下流室折流板后，速度最大值大约在0.00673～0.00897m/s之间；反应液在经过折流板底部后，在折流板和制氢装置挡板的共同作用下，在反应室的上流室底部形成了更清晰的速度场等值曲线图，并且范围不断扩大，速度最大达到了0.00897m/s左右；上流室左上方部分速度几乎为零；而在2个反应室中间的通道，由于通道较窄，速度较高，大约保持在0.00247～0.0337m/s之间；在制氢装置出口，速度基本保持在0.0202～0.0247m/s之间。

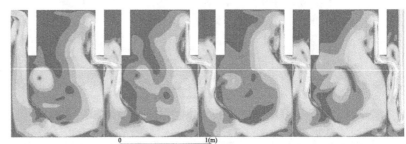

图2-30 12h时刻的光发酵装置内流场分布图

从图2-31中可以看出，在连续产氢模式开始24h时刻时，制氢装置内的速度场形成了清晰的速度等值曲线图。反应液沿着反应室下流室的右侧折流板和上流室右侧的挡板形成了明显的主流区域，并且在反应室的上流室形成了1个不规则的椭圆形涡流。反应液在碰到第1反应室下流室折流板后，速度最大值大约在0.0172～0.0206m/s之间；反应液在经过折流板底部后，在折流板和制氢装置挡板的共同作用下，在反应室的上流室底部形成了更清晰的速度场等值曲线图，并且范围不断扩大，速度最大达到了0.00687～0.00859m/s；而在两个反应室中间的通道，由于通道较窄，速度较大，大约保持在0.0275～0.0309m/s之间；在制氢装置出口，速度基本保持在0.0223～0.0241m/s之间。

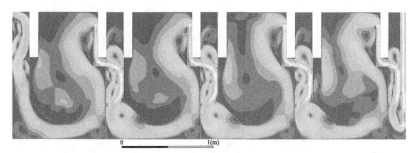

图2-31　24h时刻的光发酵装置内流场分布图

通过对比分析图2-25～图2-31可知，随着连续模式的进行，在第1反应室的下流室，逐渐形成了轮廓清晰的垂直向下的速度场分布图，反应液在入口处碰到下流室右侧的折流板后，由水平向右转向垂直向下流动；在折流板的最下端，由最开始一点高数值区域，逐渐形成了一条轮廓明显的带状速度场；在反应室的上流室，由最开始的静态模式，逐渐在上流室右侧形成一条垂直向上的速度流场，随后又逐渐发展为一个涡流；在反应室之间的通道处，由于通道较窄，形成了一条垂直向下水平向右的高速度的等数值曲线图，在挡板和折流板的共同作用下，又形成了几个小的涡流；在制氢装置的出口一直保持着高数值的速度场，前后几乎没有变化。

② 水力滞留时间对流场分布图的影响

FLUENT模拟结果图中的颜色由红到蓝依次表示制氢装置中速度由大变小。当反应液进入制氢装置第1反应室的下流室时，由于入口较小，速度较大。反应液沿着下流室折流板向下运动，经过折流板拐角处和折流板底部时，由于反应液流动方向的改变和通道变窄，此时反应液速度变大，这正好可以冲击沉积在制氢装置底部的活性菌落，使其与营养物进行充分混合，从而促进产氢活动。在反应室的上流室中，反应液沿着折流板一侧速度较大，随后形成一个明显的涡流，这对反应液的充分搅拌混合也起到了很大作用。随后反应液进入反应室之间通道时，由于通道变窄，速度变大。在制氢装置的出口，同样因为通道变窄，导致了速度变大。

从图2-32（见彩插）中可以看出，当设定水力滞留时间为72h时，制氢装置入口液体流动速度为0.005458m/s，反应液在折流板拐角处的速度大概在0.00212～0.0265m/s之间，在每个反应室右上方的出口处由于通道变小，速度变大，大概在0.00846～0.0101m/s之间，而在制氢装置出口处，最大速度增大到0.00741～0.00846m/s之间。各个反应室中下流室的平均速度明显大于上流室平均速度，且反应室之间连通处速度也明显变大。在4个反应室的上流室下部形成了4个不规则的涡流，这是由于反应液在流经折流板底部后，撞击到反应室下方的底板和右侧的挡板而形成相反方向的流动，然后又在左侧折流板的作用下，共同形成一个涡流。涡流的形成加强了反应液和菌落之间的搅拌作用，可以提高光发酵产氢量。

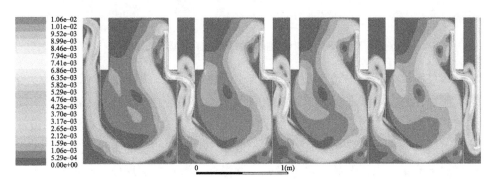

图2-32 水力滞留时间（HRT=72h）对光发酵装置内流场分布图的影响

从图2-33（见彩插）中可以看出，当设定水力滞留时间为48h时，制氢装置入口液体流动速度为0.008187m/s，反应液在折流板拐角处的速度大概在0.00336～0.00504m/s之间，在每个反应室右上方的出口处由于通道变小，速度变大，大概在0.0109～0.0143m/s之间，而在制氢装置出口处，最大速度增大到0.0117～0.0126m/s之间。反应液在折流板底部拐角处速度增大，可以冲击沉积在制氢装置底部的菌落和营养物，在上流室中充分搅拌混合反应液，促进产氢反应的进行。

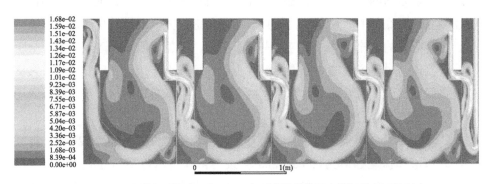

图2-33 水力滞留时间（HRT=48h）对光发酵装置内流场分布图的影响

从图2-34（见彩插）中可以看出，当设定水力滞留时间为24h时，制氢装置入口液体流动速度为0.016374m/s，反应液在折流板拐角处的速度大概在0.0069～0.0104m/s之间，在每个反应室右上方的出口处由于通道变小，速度变大，大概在0.0242～0.0293m/s之间，而在制氢装置出口处，最大速度增大到0.0224～0.0242m/s之间。各个反应室中下流室的平均速度明显大于上流室平均速度，并且反应室之间连通处速度也明显变大。在4个反应室的上流室下、中、上部形成了4个大的涡流，这是由于反应液在流经折流板底部后，撞击到反应室下方的底板和右侧的挡板而形成相反方向的流动，然后又在左侧折流板的作用下，共同形成一个涡流。随后反应液再次循环上一个涡流迹线。3个涡流的形成加速了反应液和菌落之间的搅拌作用，对提高光发酵产氢量有很大的促进作用。此时，制氢装置得到最大产氢速率104.91mol/(m³·d)、最大生物量浓度2.53g/L，也正好印证了上面得到的观点。

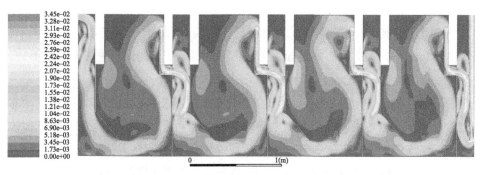

图2-34　水力滞留时间（HRT=24h）对光发酵装置内流场分布图的影响

对比图2-31～图2-33，从图2-34中可以看出，随着水力滞留时间的缩短，在第1反应室的下流室形成了更多小的涡流，在第2反应室的下流室也形成了更多的小涡流。这是因为随着水力滞留时间的缩短，反应液的流速越来越快，在折流板的作用下，反应液更容易形成涡流。在不同的水力滞留时间条件下，制氢装置的4个反应室的上流室均形成了明显的涡流，这些不规则涡流的形成，对制氢装置内培养基和菌落的搅拌和混合具有很大的促进作用，从而增强装置的产氢性能。

通过计算流体力学软件对暗发酵生物制氢装置和光发酵生物制氢装置产氢流场模拟分析可知，水力滞留时间对制氢装置生物制氢流场分布具有显著的影响，流场分布可以清晰地表征出菌落和产氢培养基的混合和分布情况。在后面章节的试验中，还需要对生物制氢过程进行详细的研究。

2.3 连续流暗/光多模式生物制氢试验装置

生物制氢的工业化发展首先要进行中试化试验，连续流暗/光联合生物制氢装置不仅是实验室小型装置的放大，还需要考虑到中试化运行过程中的自动化、机械化、电力支持、光照系统、保温系统等问题。因此本书设计了一套连续流暗/光多模式生物制氢试验装置，为连续流生物制氢试验研究的开展奠定了很好的基础。

2.3.1 连续流暗/光多模式生物制氢装置

本书试验使用的连续流暗/光多模式制氢装置结构示意图如图2-35所示。连续流暗/光多模式生物制氢试验装置（有效体积为11m³）主要包括8部分：①暗发酵反应器（3×1m³），②光发酵反应器（8×1m³），③3m³的进料箱，④光合细菌培养罐，⑤电脑控制总台，⑥太阳能加热器及保温箱，⑦太阳光自动器及导入光纤，⑧光伏发电板及蓄电池。试验装置可实现各反应室气体的单独收集和反应液采样，有利于研究分析各反应室发酵工艺条件。折流板式制氢装置的折流作用使得反应液水平方向流动速度放慢，有效加强了反应底物和菌落的接触，提高了水力混合度，使反应室具有更好的种群分布情况和菌落保有量。试验中设置制氢装置折流板底部为135°的斜面结构，当反应液在折流板下流区通过斜面断面时，由于流向的转变，流速增大，产生的冲击力会加强沉降在制氢装置底部的底物和菌落的混合，促进反应的进行。

反应室（#1～#11）是标准容器，易于组装、拆卸、维护和扩建。为了监测诸如pH值、氧化还原电位、氢含量、温度和液位等产氢试验参数，每个反应室都安装有在线传感器。

试验时采用蠕动泵（WS600-3B蠕动泵）将培养基连续泵入#1反应室。太阳能热水器与热水箱之间的水循环是由一个泵（PUN-600EH）驱动的，总扬程为25m。在太阳能加热系统，由于缺乏太阳光而无法工作时，使用家用中央空调辅助电暖器（DFS-H）对热水箱中的水进行加热。为了给生物制氢装置加热，热水箱中的热水通过泵（PH-101EH），泵入每个反应室的内部隔

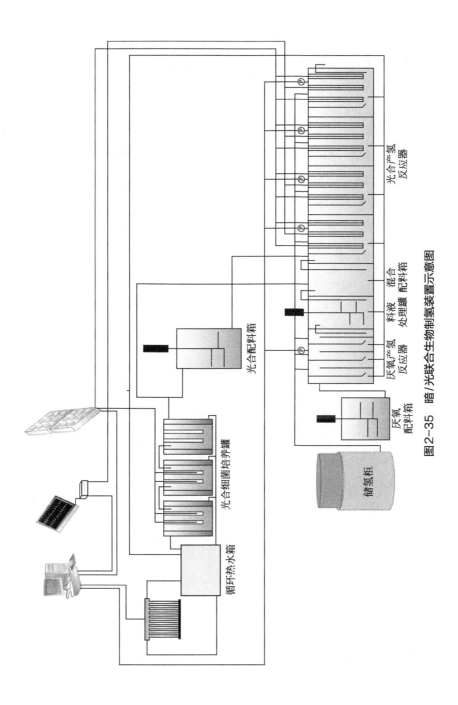

图2-35 暗/光联合生物制氢装置示意图

热层，总扬程为5m。

试验装置利用太阳光照明系统作为主要照明系统，当太阳光照不足的时候，利用LED系统作为辅助光源。制氢装置采用光伏发电装置为连续流暗/光多模式生物制氢装置提供动力。光伏发电子系统包括光伏接线盒（PV-GZX156B）、正弦波逆变器（TCHD-C300）和电池。光伏电源获得的能量储存在电池（6-CQW-200MF）中，额定容量为200Ah，12V。

如图2-36所示，试验装置由暗发酵反应室、暗发酵废液处理室、废液调配室、光发酵进料室、2排并列的4单元光发酵反应室和光发酵进料室组成。制氢装置的长度、高度、宽度分别为7.85m、2.34m、1.9m。并列排列的反应室可以作为两组反应室同时进行试验操作，也可以通过右侧的连通管道进行串联操作，对光发酵进行更为详细的生命周期研究。

图2-36　连续流暗/光多模式生物制氢装置正面图

2.3.2　菌种培养单元结构

光合细菌培养罐采用圆形柱状培养罐，外层包裹有保温水层，可以实现光合细菌所需要的特定温度。培养罐采用竖立式玻璃布光管，可以将太阳能光纤和LED辅助光源灯放置在内，保证光合细菌得到充足的光照。

光合细菌菌种和生长培养基从培养罐底部被泵入培养罐，在光照培养48h

后达到生长期后期，可以用来进行产氢活动。培养好的光合细菌从培养罐上方出料口流出，流入光发酵进料配置室，与光合产氢底物混合后进入光发酵反应室，进行光合产氢。

2.3.3 暗发酵单元结构

如表2-5所示，暗发酵制氢装置由3个串联的折流板式反应室组成，且每个反应室中由上流反应室和下流室组成，左侧的挡板和折流板组成了反应室的下流室，折流板和右侧的挡板组成了反应室的上流室。折流板折流角度为135°。在每个反应室的上方都有独立的集气口，暗发酵产生的气体由这里独立排出。暗发酵制氢装置的下方是一层保温层，保温层中的水与保温箱连通，可通过循环泵实现循环，从而为制氢装置提供必要的温度。

表2-5 暗发酵制氢装置主要参数尺寸

参数	尺寸/mm	参数	尺寸/m³
反应室长度	600	反应室体积	1.122
反应室宽度	1000	制氢装置总体积	3.366
反应室高度	1870	制氢装置有效总体积	3.023
上流室长度	450	废液处理箱体积	1.496
下流室长度	150	光合配料箱体积	0.935
折流板长度	450		

2.3.4 光发酵单元结构

如表2-6所示，光发酵制氢装置采用折流板式设计，由8个反应室组成。其中4个串联的反应室组成一个生物制氢反应器组合，两组装置并排放置。光发酵反应室同暗发酵反应室结构类似，每个反应室由上流室和下流室组成，从而实现光合产氢细菌和反应底物的有效混合。折流板的折流角度为135°。每个反应室的上方有独立的集气口，可以实现每个反应室的独立计量和测试。制氢装置底部有保温层，保温层中的循环水与保温水箱中的热水相连接，可以实现制氢装置所需要的特定温度。

表2-6　光发酵制氢装置主要参数尺寸

参数	尺寸/mm	参数	尺寸/m³
反应室长度	1100	反应室总体积	1.32
反应室宽度	750	反应室净体积	1.0849
反应室高度	1600	制氢装置总体积	10.56
上流室长度	800	制氢装置总净体积	8.6792
下流室长度	200	制氢装置有效总体积	7.8113
折流板长度	400		

2.3.5　太阳能保温单元

自动控制中心、太阳能集热器、热水管道、热水箱、循环泵和辅助能源加热泵等共同组成了太阳能保温系统。

图2-37展示了太阳能保温自动控制中心图，太阳能保温自动控制中心面板上可以清晰看出太阳能集热管温度和热水箱温度，并且集热器/热水箱循环泵工作状态、加热器/热水箱循环泵工作状态和制氢装置/热水箱循环泵工作状态等信息在自动控制面板上也一目了然。

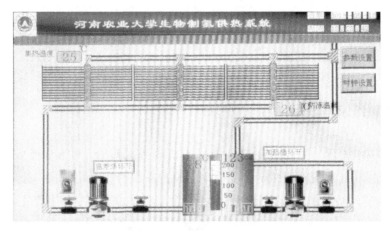

图2-37　太阳能保温自动控制中心

通过图2-38可以看出，太阳能集热器呈现矩形排列，这样的排列方式适用于大面积的装置，安装简单，易于维修，转化效率高。

如图2-38所示，太阳能集热器采用标准的玻璃真空管，使用横向放置法，呈现坡度平板式安装。中间矩形管道为循环水通道，两侧为玻璃真空管，玻璃真空管入水口与中间主管路相接。冷水从主管道最低端进入，然后依次进入玻璃真空管，最后从最上端的出口排出，流入热水箱中。热水箱中的热水再与制氢装置保温层循环水相连通进行热量交换，将热量传递给反应室中的反应液。

图2-38　太阳能集热器

如图2-39所示，在光照强度较大的情况下，太阳能热水器能够将吸收的太阳能转化为热水存储在水中，循环水将热能带到制氢装置的保温层，并与制氢

图2-39　热水箱实物图

装置内反应液实现热量交换，从而保障制氢装置得到特定的温度。

2.3.6 太阳能照明单元

太阳能自动聚光器由太阳光纤导入器（Sfl-i24）、光纤和照明器具等组成。在一般的晴朗天气条件下，太阳能通过聚光器、光导纤维和照明器具被传输到制氢装置内部，基本可以满足光合细菌产氢需求。在光照强度不够的情况下，试验装置可以通过LED辅助光源进行补光。

图2-40展示了太阳能自动聚光器及其工作原理，太阳能自动聚光器（Sfl-i24）主要由光筒式光照传感器、菲涅尔透镜和机械传动装置（42BYGH613步进电机）组成。光筒式光照传感器通过电位差感知太阳光的位置，然后通过机械传动装置将自动聚光器正对太阳，太阳光通过菲涅尔透镜聚焦在光线传输入口，然后再通过光导纤维进入光发酵反应室。

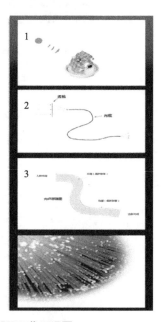

图2-40 太阳能自动聚光器及工作原理图

太阳能自动聚光器放在屋顶平台上，保证聚光器南侧场地开阔，无建筑物遮挡太阳光线。聚光器呈现规则点状分布。光导纤维汇聚在中间位置，固定在钢架结构上，然后接入室内的制氢装置中。表2-7列出了太阳能聚光器（Sfl-i16）的主要参数。

表2-7　Sfl-i16型号的太阳能聚光器主要参数

参数	规格	参数	规格
菲涅尔透镜/只	16	光纤直径/mm	2.5
受光面积/cm²	1158	光纤根数/根	16
圆罩直径/mm	670	光纤长度/m	10
高度/mm	570	电源/功率	220V/5W

2.3.7　太阳能光伏发电单元

光伏发电板、风力发电机、蓄电池和连接线等共同组成了太阳能光伏发电单元。太阳能光伏发电用于支持制氢装置的动力用电，包括自动控制中心、气体在线检测仪、搅拌泵、进料泵、循环泵、光发酵反应室LED辅助照明等的用电。

太阳能光伏发电板如图2-41所示。太阳能光伏发电板由8块宽度为99.4cm、长度为165.4cm的光伏电池板组成，每块电池的有效光照面积为1.628m²。太阳能光伏板电池向南倾斜安装，倾斜角度为26.37°。

图2-41　太阳能光伏发电板

太阳能通过太阳能光伏发电板转化为能够储藏在化学电池中的化学能。当制氢装置需要用电时，蓄电池中的化学能以直流电释放出来，直流电在逆变器的帮助下转化为可以供试验装置使用的交流电，从而提供电力支持（图2-42）。

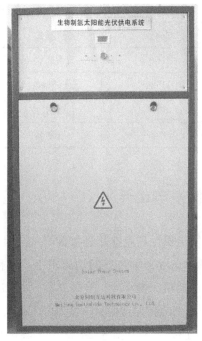

图2-42　试验装置太阳能光伏发电控平台

2.3.8　自动控制单元

自动控制单元主要包括自动控制中心（Kingview 6.55）、气体在线分析仪（Gasboard-9022）、EC301工业pH计、EC301工业ORP计、EC301工业温度计、EC603静压式液位变送器。

图2-43展示了自动控制中心面板，自动控制中心主界面可以显示制氢装置的工作状态，其中包括反应室液面高度、搅拌器运行状态、进料流速、进料、搅拌、测器开关、反应液温度、pH值，液位高度等。在主界面的下半部分横列着历史趋势图、实时趋势图、数据图表、参数设置等。在历史趋势图中，可以查阅制氢装置的温度、pH值、温度、液位等历史图线。在实时趋势图中可以随时查看制氢装置的实时变化趋势。在数据图表中可以将制氢装置的各种参数数据导出。

图2-44为气体在线分析仪实物图，气体在线分析仪可以实时检测制氢装置产生气体的氢气和二氧化碳浓度，在柜体的下方也会同时显示3个暗发酵反应室和8个光发酵反应室的温度和pH值数据。

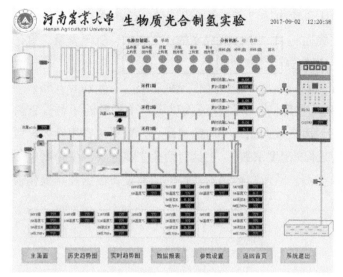

图2-43 自动控制中心

图2-44 气体在线分析仪

2.4 连续流暗/光多模式生物制氢装置自动化系统

大体积的生物制氢装置不同于实验室规模的小型操作，其进料、搅拌和排料都需要大量的劳动，需要为多个反应室反应液和产氢特性的测量提供实时精确的数据，为装置的保温系统提供稳定的保温措施。因此这就需要在中试化规模生物制氢装置上进行自动化运行，一套自动化系统的设计显得尤为重要。

暗/光联合生物制氢装置自动化设计需要自动控制中心与分布在装置各个位置的传感器（pH、温度、液位等）、控制开关、搅拌器、进料泵和循环泵等通过数据线相连接。

2.4.1 自动控制系统

生物制氢装置的自动控制系统主要由自动化控制中心、可编程逻辑控制器、继电器、在线监测传感器和蠕动泵组成。在线传感器主要有气体分析仪、pH计、温度计、氧化还原电位计、含量计等。简单地说，自动化控制中心将指令发送给一个可编程逻辑控制器，该控制器配有1个S7-200CN、1个集成2V

编码器、24个输入端口、1个输出端口和2个通信端口。传感器和编码器由可编程逻辑控制器连接，在线控制#1 ~ #11反应室的产气速率、氢气含量、氧化还原电位、pH值、温度和液位等工艺参数。

图2-45展示了自动控制系统原理图，自动化控制中心（Kingview 6.55）为生物制氢生产过程中的数据收集、分析和管理提供了一个高效的平台。它有多个内置界面，包括主页、历史数据图、实时数据图表、数据报告和参数设置（数据记录的间隔时间和液体的密度系数）。主页有两个主要内容：生物制氢装置系统的原理图和实时数据图。从所有传感器获得的所有设备数据及其操作模式可以在主页上看到。

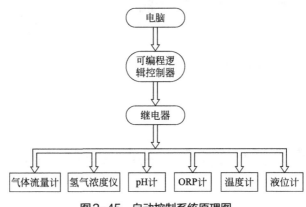

图2-45　自动控制系统原理图

保温系统的界面显示保温系统的原理图，设备安装结构示意图，设备的运行状态和运行数据包括太阳能加热器温度、热水箱温度、热水箱的水位和循环泵的运行等内容。可以在参数设置界面设置太阳能热水器、循环水和电加热的温度阈值，以及热水箱的水位阈值等具体参数。辅助电加热的工作时间可以在时间界面上设定，所以可以设定电加热的工作时间。

2.4.2　温度控制系统

太阳能加热器、电加热器、热水箱和水泵等共同组成了温度控制子系统。可以利用太阳能通过光电/光热转化为试验装置所需要的热能和电能[16]。因此太阳能热水器是作为主要的加热装置，利用#1循环泵（PUN-600EH）为热水储罐提供热水。在光照强度不足的情况下，太阳能热水器不能满足试验装置保温需求，则使用电加热器作为辅助加热装置为试验装置保温。#2循环泵（PH-101EH）和#3循环泵（PH-101EH）分别用于将热水从热水箱泵到暗发酵生物制氢装置和光发酵生物制氢装置的保温层中。

暗发酵产氢细菌的最佳温度为35℃，所以设定暗发酵制氢装置下限和上限温度分为34℃和36℃。同样地，因为光合产氢细菌的最佳温度为30℃，所以设定光合发酵制氢装置的下限和上限温度分别为29℃和31℃。热水箱的下限和上限温度分别设定为35℃和50℃，这样可以避免造成制氢装置过热。

温度控制流程图如图2-46所示。系统启动后，系统首先对太阳能热水器的

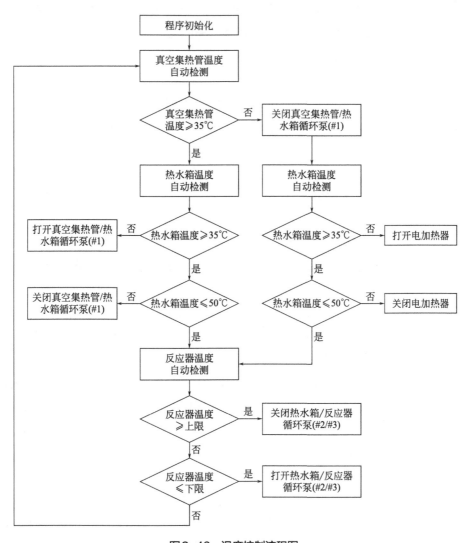

图2-46　温度控制流程图

温度进行检测，然后根据程序设定来选择模块Ⅰ或者模块Ⅱ。

模块Ⅰ：第一种情况，如果太阳能加热器的温度>35℃，随后系统将会对热水箱的温度进行检测。第二种情况，如果热水箱的温度<35℃，程序开启#1循环泵，太阳能热水器中的热水被泵入热水箱中。此时如果热水箱的温度高于35℃，系统将会再次进行检测。如果热水箱温度超过50℃，#1循环泵将被关闭。如果热水箱的温度在35～50℃范围内，系统将进入模块Ⅲ。

模块Ⅱ：如果太阳能热水器的温度低于35℃，#1循环泵将会被关闭，系统会检测热水箱的温度。如果热水箱的温度低于35℃，电加热器将会被打开，然后系统会自动检测热水箱的温度。如果热水箱的温度高于35℃，系统将再次检测。当热水箱的温度>50℃，程序将自动关闭电加热。如果热水箱的温度在35～50℃，系统将进入模块Ⅲ。

模块Ⅲ：系统检测暗发酵反应的温度。如果暗发酵制氢装置温度低于34℃，#2循环泵将会被打开，当温度增加到36℃时则被关闭。如果光发酵制氢装置的温度低于29℃，#3循环泵将会被打开，当温度达到31℃时，系统则回到初始阶段。

2.4.3　照明控制系统

对于光发酵生物制氢，利用光导纤维给封闭的生物制氢装置进行太阳光传输是比较有前景的，因为这种方式成本低、效率高。光照强度会随着区域和季节的变化发生较大的变化。为了应对一天中太阳光照方向的变化，太阳光照明系统采用太阳光自动追踪技术确保了系统的准确性和及时性。太阳光照明系统由C8051F020单片机、光筒式光照传感器、步进电机（42BYGH613）、菲涅尔透镜、光导纤维和照明器具等组成。光筒式传感器上4个硅电池可以初步确定太阳的位置，这是因为不同的光照度可以产生不同的输出电压。照明系统调控调整太阳光纤，使追光器采光面与太阳光保持90°，从而获得最大光照度。根据自然光，诸如可见光、红外线、紫外线以及X、Y、α、β、γ等具有放射性的射线，穿越菲涅尔透镜后焦距不同的原理，试验装置选择合适的距离装置光导纤维，即可最大限度地避开有害射线。因此，通过调节光的收集位置，可以很容易地避免有害的辐射，而且在光纤前面的过滤器会去除有害的辐射。聚焦后的太阳光将通过高光通量和柔性纤维传输到光发酵制氢装置中。此外，当太阳能不能满足光照度需要时，可以使用LED辅助光源，从而满足光发酵的最佳光照度3000lx。光照控制系统如图2-47所示。

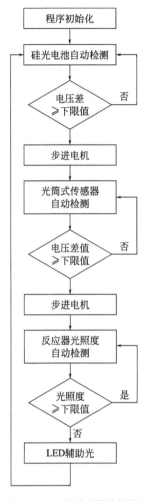

图2-47　照明系统流程图

2.4.4　进料控制系统

计算机控制单元、可编程逻辑控制器、液位传感器、混合泵和进料泵等共同组成了进料控制子系统。电脑控制中心通过RS-485串行接口，向具有高传输速率和高抗干扰性能的可编程逻辑控制器发出指令。可编程逻辑控制器通过提供继电器来控制高电压的断开或关闭，从而控制电枢的吸力或释放，进而控制着混合泵和进料泵的工作状态。

当进料箱中液位低于10cm时，液位传感器会向控制中心发送信号，触发报警，提醒工作人员将培养基加入进料箱中。进料中的搅拌器每1h会搅拌5min，保证进料箱中的培养基不会沉淀。调整进料泵的流量，从而获得指定的水力滞留时间。进料箱控制流程图如图2-48所示。

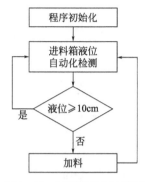

图2-48 进料箱控制流程图

2.5 装置运行性能检测

生物制氢装置数据检测的准确性是考核制氢装置稳定性及可靠性的重要指标。试验中首先采用制氢装置的在线检测系统对生物制氢过程中的试验数据进行检测，同时采用人工测试方法对试验参数进行检测，随后将在线检测数据与人工检测数据进行对比分析。

2.5.1 在线检测方法

氢气浓度使用在线气体分析仪（Gasboard-9022）进行测量，通过RS-485串行接口连接到自动化控制中心。气体分析仪根据计算机的指示自动采样、反向吹气和排水。试验装置分别使用热导检测器（TCD）和非色散红外光谱（NDIR）对氢气和二氧化碳浓度进行检测。

pH值自动检测采用EC301工业pH计。测量范围：0.00～14.00，测量精度：±0.02。采用法兰沉入式安装，将传感器头部浸没在密闭的反应室液体中。氧化还原电位自动化在线检测采用EC301工业ORP计。测量范围：-1999～1999mV，测量精度：±1mV。采用法兰沉入式安装，将传感器头部浸没在密闭的反应室液体中。温度自动化在线检测采用EC301工业ORP计。测量范围：$0.0 \sim 100.0℃$，测量精度：$±0.1℃$。反应液液位自动检测使用EC603静压式液位变送器。测量范围：$0 \sim 6m$，测量精度$\leqslant 0.25\%FS$。气体流量测试采用湿式防腐气体流量计，精度：$±1\%$，容积：2L/r，额定流量：$0.2m^3/h$。

2.5.2　人工检测方法

为了验证自动化监测系统，产气速率、氢气含量、pH值、氧化还原电位和温度也用离线分析方法进行了测量。人工产气速率测定使用气体流量计（TY-5706），流量范围：$0 \sim 10L/min$，显示分辨率：0.01L/min。采用6820 GC–14B型气相色谱仪对氢气浓度进行测定[17]。pH值采用PHS-3E数字酸度计进行测定，测试范围和分辨率分别为 $0.00 \sim 14.00$ 和0.01。氧化还原电位测定采用SX712氧化还原电位计进行测定，测试范围和分辨率分别为 $-1999 \sim 1999mV$ 和1mV。反应液温度使用PM6501接触式测温仪，测量范围和分辨率分别为 $-50 \sim 750℃$ 和0.1℃。

2.5.3　连续流暗/光多模式生物制氢装置自动化检测性能研究

验证试验运行中，暗发酵和光发酵试验的水力滞留时间设置为24h，葡萄糖浓度为10g/L。数据每24h记录一次，取7次数据的平均值作为试验数据。规模化产氢过程中的自动化检测误差分析以人工测定数据为基准进行对比，然后做误差分析如图2-49所示。

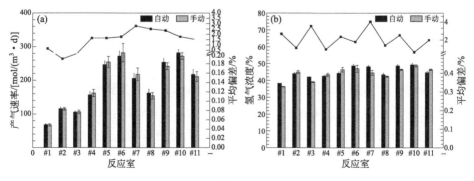

图2-49

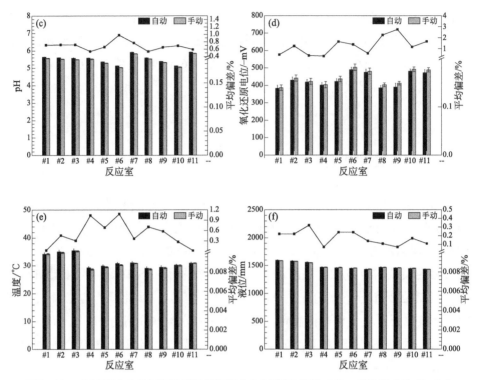

图2-49 暗/光联合生物制氢装置运行情况（水力滞留时间为24h，底物浓度为10g/L）

图2-49显示了不同反应室的产气速率（a）、氢气浓度（b）、pH值（c）、氧化还原电位（d）、温度（e）和液位（f），并比较了在线分析方法（自动）和离线分析方法（手动）所获得的数据。图中上方的曲线表示自动数据和手动数据之间的相对平均偏差。

暗发酵反应室#1～#3的产气速率分别为68.30mol/(m³·d)、115.63mol/(m³·d)和105.80mol/(m³·d)。光发酵反应室#4～#11的平均产氢速率为224.68mol/(m³·d)。另外，不同反应室之间的产气速率差异是由不同的水力滞留时间和有机负荷率共同作用造成的[6,18]。在线自动检测得到的产气速率非常接近于手工测得的数据，两者之间的相对平均偏差仅为0.32%～2.79%。

暗发酵反应室#1～#3的生物量分别为1.25g/L、1.31g/L和1.52g/L，与此同时，光发酵反应室#4～#7的生物量分别为2.2g/L、2.46g/L、2.53g/L和2.44g/L。从图2-49可以看出，各个反应室的产氢速率和生物量基本呈现正相关关系。微生物的活性和冲刷导致暗发酵室和光发酵室产氢速率和氢气浓度的显著不均匀性。另外，各个反应室的生物量浓度是相互独立的，也就是说，一个菌落的生殖/死亡妨碍了另一个菌落的繁殖/死亡，每个菌落也非常容易受到产氢反应液的影响[19]。

在#1 ~ #3暗发酵反应室中，#2反应室获得最大的氢气浓度为43.97%，紧接着是#3反应室的41.99%，然后是#1反应室的38.24%。在#4 ~ #7光发酵反应室中，氢气浓度随着反应室号码递增呈现先增加后减小的趋势，#6反应室获得最大氢气浓度48.66%。#8 ~ #11反应室的氢气浓度和#4 ~ #7呈现相似的变化趋势。自动测量氢含量与人工测量氢含量之间的相对平均偏差为0.62% ~ 4.04%。

暗发酵过程的pH值从#1反应室的5.64下降为#2反应室的5.60。光合发酵过程的pH值先从#4反应室的5.58下降为#6反应室的5.13，然后又上升为#7反应室的5.92。在暗发酵反应室中，活性污泥在产氢的同时产生的挥发性脂肪酸等副产物不断积累，从而导致反应液pH值不断下降。正如前面所解释的那样，一旦开始产氢，同时产生的挥发性脂肪酸就会导致pH值的普遍下降。据推测，在水介质中二氧化碳的溶解也会产生碳酸而导致pH值的下降[19]。在光发酵反应室中，光合细菌HAU-M1首先将葡萄糖降解为挥发性脂肪酸，随着产氢的进行，光合细菌又会利用这些挥发性脂肪酸进行产氢，这就导致了光发酵反应液pH值的先下降后上升。pH值自动检测跟人工检测数据相对平均偏差保持在0.54% ~ 0.98%，两者偏差很小。

暗发酵#1 ~ #3反应室和光发酵#4 ~ #7反应室的氧化还原电位分别为-382.71mV、-430.43mV、-432.00mV、-401.56mV、-422.35mV、-489.35mV和-475.35mV [图2-49（d）]。#8 ~ #11反应室的氧化还原电位和#4 ~ #7呈现相似的变化趋势。在另一篇报道中，制氢系统在氧化还原电位在-440 ~ -530mV之间，pH值为6.0的条件下成功运行[20]。较低的氧化还原电位可以给产氢细菌创造一个适宜的环境，有利于产氢的快速进行。氧化还原电位自动检测跟人工检测数据相对平均偏差保持在0.32% ~ 2.75%，两者偏差很小。

暗发酵#1 ~ #3反应室的温度呈现缓慢上升趋势（34.23℃→35.46℃）。光发酵#4 ~ #7号反应室中温度呈现缓慢上升趋势（29.25℃→31.12℃）。暗发酵和光发酵各反应室的温度分布规律大致相似。光发酵#8 ~ #11反应室与#4 ~ #7的温度变化规律基本一致。丁酸梭菌随着温度从25℃增大为45℃，产氢量呈现先增大后减小的变化趋势，当发酵温度为35℃时达到44.26mL/g的最大产氢量。在前期的研究中，随着温度从25℃升高为40℃，光合细菌HAU-M1

产氢量呈现抛物线形状的变化趋势，在30℃时达到最大产氢量105.02mL/g[17]。产氢微生物对温度的变化是敏感的，这可能是由关键酶在不适应温度下的退化或者钝化造成的[21]。因此在本试验中，选择最佳的产氢温度作为生物制氢试验装置运行温度。温度自动检测跟人工检测数据相对平均偏差保持在0.02%～1.08%，两者偏差很小。检测温度非常接近设定值（暗发酵35℃，光发酵30℃），表明温度自动控制具有很好的效果。

暗发酵#1～#3反应室的液位呈现缓慢下降趋势（1598mm→1562mm）。光发酵#4～#7反应室中液位同样呈现缓慢下降的变化趋势（1470mm→1432mm）。光发酵#8～#11反应室与#4～#7的液位变化规律基本一致。由于折流板的折流作用，制氢装置入口的反应液液位高度会略高于出口的高度。液位自动检测跟人工检测数据相对平均偏差保持在0.07%～0.32%，两者偏差很小。

试验设计并建立了一种全自动的11m³规模的连续流暗/光多模式生物制氢试验装置，该系统利用太阳光作为主要能源来满足保温和照明的需求[2]。当底物浓度为10g/L、水力滞留时间为24h时，规模化暗/光联合生物制氢装置暗发酵产氢速率为40.45mol/(m³·d)，光发酵产氢速率为104.7mol/(m³·d)。将产气速率、氢气浓度、pH值、氧化还原电位、温度、液位等参数的自动检测值与人工测量值相比较，最小相对平均偏差为0.02%～4.04%。该自动化系统对连续流暗/光多模式生物制氢是稳定可行的。

参考文献

[1] 荆艳艳. 超微秸秆光合生物产氢体系多相流数值模拟与流变特性实验研究[D]. 郑州：河南农业大学, 2011.

[2] Lu C Y, Zhang H, Zhang Q G, et al. An automated control system for pilot-scale biohydrogen production: Design, operation and validation [J]. International Journal of Hydrogen Energy, 2020, 45 (6): 3795-3806.

[3] Elbeshbishy E, Dhar B R, Nakhla G, et al. A critical review on inhibition of dark biohydrogen fermentation [J]. Renewable & Sustainable Energy Reviews, 2017, 79: 656-668.

[4] Lu C, Jiang D, Jing Y, et al. Enhancing photo-fermentation biohydrogen production from corn stalk by iron ion [J]. Bioresource Technology, 2022, 345: 126457.

[5] Lu C, Jiang D, Zhang H, et al. Successful exploration of China's higher education teaching mode reform in COVID-19 [J]. Journal of Educational Research and Policies, 2021, 3 (9): 110-113.

[6] Lu C, Zhang Z, Zhou X, et al. Effect of substrate concentration on hydrogen production by photo-fermentation in the pilot-scale baffled bioreactor [J]. Bioresour Technol, 2018, 247: 1173-1176.

[7] Yang Y L, Ren H L, Ben-Tzui P, et al. Optimal interval of periodic polarity reversal under automated control for maximizing hydrogen production in microbial electrolysis cells [J]. International Journal of Hydrogen Energy, 2017, 42 (31): 20260-20268.

[8] Ziogou C, Ipsakis D, Stergiopoulos F, et al. Infrastructure, automation and model-based operation strategy in a stand-alone hydrolytic solar-hydrogen production unit [J]. International Journal of Hydrogen Energy, 2012, 37 (21): 16591-16603.

[9] Boboescu I Z, Gherman V D, Lakatos G, et al. Surpassing the current limitations of biohydrogen production systems: The case for a novel hybrid approach [J]. Bioresource Technology, 2016, 204: 192-201.

[10] 李刚. 太阳能光合细菌连续制氢试验系统研究 [D]. 郑州：河南农业大学, 2008.

[11] 孙堂磊, 王毅, 胡建军, 等. 玉米秸秆酶解与厌氧发酵产氢实验研究 [J]. 太阳能学报, 2015, 36 (9): 2071-2076.

[12] 路朝阳. 瓜果类生物质光合细菌产氢试验研究 [D]. 郑州：河南农业大学, 2015.

[13] 张全国, 孙堂磊, 荆艳艳, 等. 玉米秸秆酶解上清液厌氧发酵产氢工艺优化 [J]. 农业工程学报, 2016, 32 (5): 233-238.

[14] 路朝阳, 王毅, 荆艳艳, 等. 基于BBD模型的玉米秸秆光合生物制氢优化实验研究 [J]. 太阳能学报, 2014, 35 (8): 1511-1516.

[15] Zhang Z P, Wang Y, Hu J J, et al. Influence of mixing method and hydraulic retention time on hydrogen production through photo-fermentation with mixed strains [J]. International Journal of Hydrogen Energy, 2015, 40 (20): 6521-6529.

[16] Tripanagnostopoulos Y. Aspects and improvements of hybrid photovoltaic/thermal solar energy systems [J]. Solar Energy, 2007, 81 (9): 1117-1131.

[17] Lu C Y, Zhang Z P, Ge X M, et al. Bio-hydrogen production from apple waste by photosynthetic bacteria HAU-M1 [J]. International Journal of Hydrogen Energy, 2016, 41 (31): 13399-13407.

[18] Zhang Q, Lu C, Lee D J, et al. Photo-fermentative hydrogen production in a 4m^3 baffled reactor: Effects of hydraulic retention time [J]. Bioresour Technol, 2017, 239: 533-537.

103

[19] Pattanamanee W, Chisti Y, Choorit W. Photofermentive hydrogen production by *Rhodobacter sphaeroides* S10 using mixed organic carbon: Effects of the mixture composition [J]. Applied Energy, 2015, 157: 245-254.

[20] Lin C Y, Wu S Y, Lin P J, et al. A pilot-scale high-rate biohydrogen production system with mixed microflora [J]. International Journal of Hydrogen Energy, 2011, 36 (14): 8758-8764.

[21] Yin Y N, Wang J L. Isolation and characterization of a novel strain *Clostridium butyricum* INET1 for fermentative hydrogen production [J]. International Journal of Hydrogen Energy, 2017, 42 (17): 12173-12180.

第 **3** 章

连续流暗发酵生物
制氢试验研究

当前世界的制氢方式主要有石油气重整、电解水和生物制氢等方式。而传统的制氢方式因为其制氢方便、技术成熟、易于实现工业化生产等优点，已经占据了几乎所有的市场，但是这些制氢方式同样存在着消耗大量不可再生能源、生产过程污染严重、生产设备昂贵等问题[1,2]。相比传统制氢方式，生物制氢被认为是对环境威胁最小的方式，它不会导致温室气体的排放，不会造成全球变暖，符合可持续发展观和生态文明的要求[3-5]。生物制氢主要包括暗发酵制氢、光发酵制氢、暗/光联合生物制氢、蓝藻和绿藻生物降解和微生物电解等方式[6-9]。其中暗发酵制氢引起了广泛的关注，因为它具有产氢速率快、产氢速率稳定、产氢条件温和、易于实现工业化生产等优点[10]。相比于光合细菌，暗发酵细菌在降解复杂且种类繁多的底物方面具有更强的能力，且产生更少种类的非预期代谢产物。暗发酵制氢方式可以利用工农业废弃物、工业生产废水、餐厨垃圾等废弃资源为发酵底物，通过暗发酵细菌自身的代谢途径，将产氢底物转化成小分子酸等，同时产生出氢气。

近几年来，研究者们已经广泛地研究了暗发酵生物制氢，主要包括生物制氢装置的设计、运行策略、各式各样的底物和接种物等[11]。不同菌种的产氢性能迥异，梭菌属（*Clostridium*）、肠杆菌属（*Enterobacter*）、埃希氏肠杆菌属（*Escherichia*）和杆菌属（*Bacillus*）等是目前研究者们已经发现的比较好的产氢菌属[12]。活性污泥作为接种物，比较适于工业化生产，因为它可以通过菌落之间的协调作用而保持主体菌种的优势。但是由于活性污泥成分的复杂性和不确定性，其不适于试验研究。纯菌种由于其性能稳定，而被广泛用于试验研究。本试验中选用的活性污泥功能菌落为较为常见的暗发酵产氢菌种。

温度、底物浓度、初始pH值、接种量等产氢工艺条件对暗发酵产氢同样具有至关重要的作用 [13-18]。温度可以显著影响底物降解速率、产氢酶活性和微生物代谢途径。适宜的温度可以使活性污泥功能菌落活性达到最优化状态，产氢量达到最大值。研究结果表明，在适宜的底物浓度范围内，暗发酵产氢细菌的产氢量与底物浓度呈现正相关关系；然而，过高的底物浓度又会对产氢产生抑制效应，这是由氢分压、挥发性脂肪酸等代谢副产物的堆积和较低的pH值等产氢环境发生改变等造成的 [19]。因此，只有在适宜的范围内，底物浓度的增加才可以促进细菌产氢量的增加。初始pH值同样也具有极其重要的作用，pH能够改变细胞内代谢途径、氢化酶活性、微生物菌落结构和副产物组分 [11]。因此在规模化折流板式暗发酵生物制氢过程中要保持最佳的工艺参数。

从提高产氢能力和稳定运行的观点出发，连续流制氢是首选，这是因为它具有更高的有机负荷和产氢速率。水力滞留时间会对连续流生物制氢装置产生显著的影响。一些研究表明，优化后的最佳水力滞留时间能够成功地增强连续产氢反应器的产氢性能 [20]。研究者们得到的产氢速率的变动是由反应器的不同、微生物的不同，以及底物的不同等所导致的。

同样，有机负荷率和底物浓度也是暗发酵制氢重要决定因素之一。低于最佳底物浓度值会导致发酵液中生物量浓度的下降，从而导致氢气浓度和产氢速率的下降。相反，底物浓度越高，微生物产生的抑制物质也会越多，主要包括乙醇和挥发性脂肪酸，从而降低了产氢能力。一些研究人员发现，产氢速率会受到挥发性脂肪酸积累的严重抑制。此外，有机负荷率对制氢性能也有明显影响 [21]。反应器的产氢速率会随着有机负荷率的增加而增大，但是当底物浓度超过最佳值后，产氢速率也会随之降低 [22-23]。

然而，就工程稳定运行和自动化控制方面而言，暗发酵生物制氢的商业化和工业化还有很长的实践之路需要走。规模化的连续流生物制氢连续操作技术对生物制氢的工业化发展具有非常重要的指导意义。但是目前对规模化连续流暗发酵生物制氢的研究还存在大量空白。任南琪、Lin和Vatsala等进行了不同规模的连续流暗发酵生物制氢试验研究 [24-26]。据悉，以自动化控制理念运行暗发酵生物制氢反应器，以太阳能为制氢装置提供外部能源补给，研究水力滞留时间对规模化折流板式暗发酵生物制氢反应的影响还未见报道。

本章试验利用3m³折流板式连续流暗发酵生物制氢装置，用太阳能为试验装置提供光照，利用太阳能光热转换原理为试验装置提供保温支持，以太阳能光电转换原理为试验装置提供电力支持[27]。试验以生物制氢装置3个反应室的产氢速率、氢气浓度、pH值、氧化还原电位、生物量、还原糖浓度为考核指标，研究了水力滞留时间和底物浓度对规模化折流板式连续流暗发酵生物制氢的影响[28]。试验采用单因素方差分析对产氢过程参数进行了详细的数据分析。实验为连续流暗发酵生物制氢的探索和发展奠定了新的基础[29]。

3.1　水力滞留时间对连续流暗发酵生物制氢的影响

3.1.1　水力滞留时间对连续流暗发酵生物制氢气体特性的影响

从图3-1可以看出，产氢速率在前3d（批次处理模式）呈现单调递增趋势。在3～5d内，产氢速率稳步上升。当水力滞留时间为48h（4～10d）时，获得了18.99mol/($m^3 \cdot d$)的平均产氢速率。在第11d，由于水力滞留时间的缩短，产氢速率突然增加。当水力滞留时间为36h（11～17d）时，获得了26.26mol/($m^3 \cdot d$)的平均产氢率。随后当水力滞留时间分别为24h（11～17d）和12h（25～31d）时，获得了40.45mol/($m^3 \cdot d$)和27.69mol/($m^3 \cdot d$)的平均产氢速率。在任南琪等的研究中，利用1.48m^3的厌氧连续流发酵罐研究连续流生物制

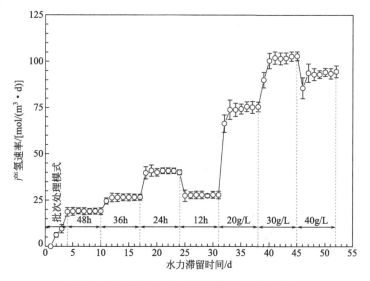

图3-1　水力滞留时间对暗发酵连续产氢的影响

氢，得到最大产氢速率为5.57mol/（m³·d），比产氢速率为0.75m³/（kg VSS·d）[25]。Lin等建立了高效暗发酵反应器（有效体积为0.4m³的活性颗粒污泥床生物反应器）来研究连续流生物制氢技术，在有机负荷率为240kg COD/（m³·d）时，达到37%的最大氢气浓度，此时产氢速率为15.59mol/（m³·d），产氢量为1.04mol/mol蔗糖[26]。Vatsala等以弗氏柠檬酸杆菌、阴沟肠杆菌和沼泽红假单胞菌为产氢菌种，研究了100m³规模生物制氢的可行性，平均产氢量为2.76mol/mol葡萄糖，得到了1.33m³/（m³·d）的产氢速率[24]。

图3-2展示了水力滞留时间对#1 ～ #3反应室产氢速率的影响。随着水力滞留时间从12h增大为48h，#1反应室的产氢速率呈现单调增大的趋势，#2和#3反应室呈现抛物线形状的变化趋势。在水力滞留时间为12h时，相比气体反应室，#1反应室的产氢速率是很低的 [23.10mol/（m³·d）]。与此同时，#2和#3反应室的产氢速率为28.24mol/（m³·d）和31.72mol/（m³·d），远高于#1反应室产氢速率。此时对应的氢气浓度分别为36.30%、37.13%和38.99%。产氢速率从#1到#3反应室单调增加，所以制氢装置整体的产氢速率应该还有提高性能的空间。不同反应室之间的产氢速率有很大变化，表明制氢装置内部3个反应室之间的反应液特性有较大差异，制氢装置中整体悬浮液的混合可以进一步加强。当水力滞留时间增大为48h时，#1反应室的产氢速率从23.10mol/（m³·d）迅速增长为31.12mol/（m³·d），氢气浓度也变为42.74%。当水力滞留时间缩短为24h时，#2反应室的产氢速率和氢气浓度分别增大为50.82mol/（m³·d）和

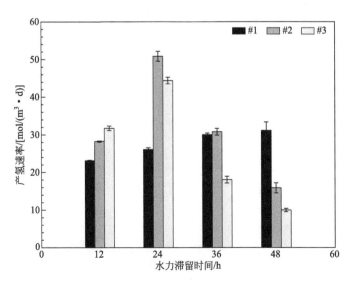

图3-2　水力滞留时间对暗发酵产氢速率的影响

43.97%。当水力滞留时间继续增大为48h时，#2反应室的产氢速率和氢气浓度分别减小为15.86mol/(m³·d)和38.36%。在#3反应室中得到了一个类似的结果，产氢速率和氢气浓度先增大后减小 [31.72mol/(m³·d)→44.41mol/(m³·d)→9.98mol/(m³·d)]。Rosa等研究了水力滞留时间与反应器中微生物菌落结构的关系，水力滞留时间的减小可以使接种猪粪污泥的生物反应器获得更为稳定的产氢量[30]。正如前面的研究一样，研究者们普遍认为缩短水力滞留时间可以通过一个较高的稀释比来抑制非产氢微生物的生长，从而提高产氢效果[31]。前面FLUENT流场模拟结果显示24h时反应室中菌落和培养基具有较好的混合型，这和图中的结果保持了很好的一致性。

图3-3展示了水力滞留时间对暗发酵产氢浓度的影响。随着水力滞留时间从12h增大为48h，#1反应室的氢气浓度呈现增大趋势，从36.30%增大为42.74%，#2和#3反应室的氢气浓度分别增大为24h时的43.97%和41.99%，然后又逐渐下降为48h时的38.36%和36.33%。

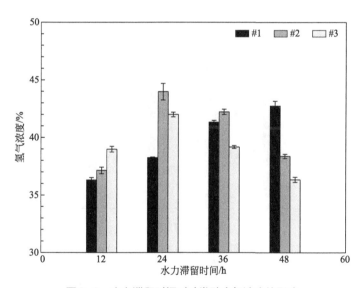

图3-3　水力滞留时间对暗发酵产氢浓度的影响

3.1.2　水力滞留时间对连续流暗发酵生物制氢液体特性的影响

试验通过pH值、氧化还原电位、生物量浓度和还原糖浓度等大量的数据来研究它们之间的相对重要性，从而研究它们对产氢的影响。从图3-4中可以看出，随着水力滞留时间从12h增大为48h，#1～#3反应室和反应器出口的pH值均呈现连续下降的趋势，分别从6.23、5.64、5.53、5.22下降为5.22、5.17、5.05、5.02。水力滞留时间从48h下降为12h，培养基的快速流入带来了更多的底物，使微生物快速生长，产氢微生物产生挥发性脂肪酸，挥发性脂肪酸的累积造成了反应液pH值的下降。但是随着水力滞留时间的缩短，反应器中的生物量也被快速冲刷流出，生物量随着水力滞留时间的变化不断实现新的平衡。pH值降低会抑制产氢细菌的产氢活性，产氢速率降低，在Roy等的报道中得到了相似的结果，当pH值小于4.8时，产氢速率开始下降[32]。产氢速率下降的潜在原因可能是pH值的偏离导致了细胞酶功能的失活，而细胞酶是细胞生命活动所必需的[33]。整体上，#1反应室pH值最高，出口pH值最低，随着反应室的后移，pH值呈现连续下降趋势。这是因为随着暗发酵的进行，活性污泥导致挥发性脂肪酸的累积，挥发性脂肪酸的积累导致pH值不断下降。

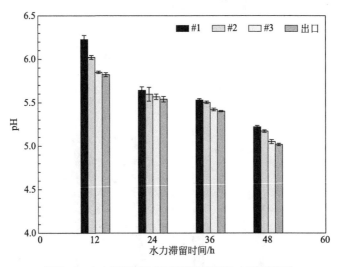

图3-4　水力滞留时间对暗发酵反应液pH值的影响

从图3-5中可以看出，随着水力滞留时间从12h增大为48h，#1～#3反应室和出口的氧化还原电位呈现连续下降趋势（-305.43mV→-426.00mV，-314.57mV→-436.86mV，-383.43mV→-437.86mV，-391.29mV→-440.71mV）。在Wang的研究中，也同样得到一个较低的氧化还原电位（-460mV），此时水力滞留时间为5h，同时得到最大产氢速率12.27mmol/(L·h)[34]。在另一项研究中，产氢反应液的pH值被控制在6.0，氧化还原电位维持在-440～-530mV时，暗发酵产氢可以很好地运行[26]。研究者们发现在暗发酵生物制氢过程中，反应液中的NADH电子不断积累，NADH/NAD保持动态平衡，反应液的氧化还原电位维持在一个比较低的水平，从而生成一个有利于暗发酵稳定高效运行的环境。图中的数据表明，该制氢装置非常有利于暗发酵产氢的进行。

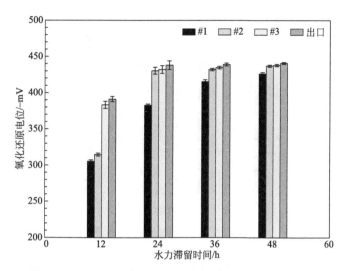

图3-5　水力滞留时间对暗发酵反应液氧化还原电位的影响

从图3-6中可以看出，随着水力滞留时间从12h增大为48h，#2～#3反应室和反应器出口的生物量浓度呈现先上升后下降的趋势（1.06g/L→1.52g/L→1.00g/L，0.97g/L→1.51g/L→0.98g/L）。生物量浓度最大值1.52g/L出现在水力滞留时间为24h的#3反应室中。除了#1反应室，其他反应室的生物量浓度随着水力滞留时间的缩短（48～24h）呈现上升趋势。在Lin的报告中，随着水力滞留时间从12h变为4h，生物量同样呈现先增大后下降的趋势[26]。水力滞留时间太短可能会由活性微生物的冲刷而导致产氢装置系统的失效[35]。水力滞留时间为12h时的产氢速率和生物量浓度都保持在较低的水平。另外，制氢装置内pH的下降可能会导致微生物的死亡和产氢过程所需代谢酶的失活[36]。在Buitron等利用厌氧序批式反应器研究了水力滞留时间对龙舌兰酒糟生物制氢的影响，过高的水力滞留时间对反应器产氢产生抑制作用[37]。Badiei等研究了水力滞留时间对厌氧序批式反应器棕榈油厂废水生物制氢的影响，72h被确定为处理棕榈油厂废水生物制氢的最佳水力滞留时间，此时可以得到最高的产氢速率和产氢量；过长的水力滞留时间会导致非产氢细菌的活性增强，过短的水力滞留时间则会由产氢微生物的冲刷造成产氢量的低下。当水力滞留时间为72h时，得到最大产氢速率299.11mol/(m³·d)，产氢量15.18mmol/g COD。另外，不断缩短水力滞留时间会冲刷走反应器中的产氢微生物，从而降低产氢能力[38]。

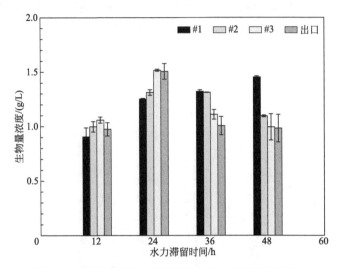

图3-6　水力滞留时间对暗发酵反应液生物量浓度的影响

随着水力滞留时间的缩短，#1反应室的葡萄糖消耗率呈现明显下降趋势，而#2和#3反应室的葡萄糖消耗率呈现上升趋势，反应室中的葡萄糖变化趋势跟生物量浓度和产氢速率都有密切的关系。较短的水力滞留时间（12h）会导致高残留葡萄糖浓度，从原料利用率方面来讲是不合理的。然而，较长的水力滞留时间又不利于反应器获得高效的产氢性能。当水力滞留时间为24h时，暗发酵生物制氢装置出口的还原糖浓度降低为0.59g/L，也就说大部分葡萄糖（>80%）已被利用。因此，在考虑制氢率和原料利用率的情况下，24h的最佳水力滞留时间仍然是可以接受的。上述结果表明，折流板对折流板式暗发酵生物制氢装置各个反应室产氢性能和反应液特性具有显著的影响。这一点与我们前期的研究结论相一致，即在一定范围内，缩短水力滞留时间有助于提高产氢效果[39]。

3.1.3　水力滞留时间对连续流暗发酵生物制氢影响的方差分析

从表3-1中可以看出，试验通过单因素方差分析，研究了水力滞留时间对规模化生物制氢过程中的产氢速率、产氢浓度、pH值、氧化还原电位、生物量和还原糖浓度等产氢参数的影响。产氢速率、产氢浓度、pH值、氧化还原电位、生物量和还原糖浓度的P值均远小于0.001，$F>F_{crit}$，制氢装置连续产氢受到水力滞留时间的显著影响。

表3-1　方差分析

位置	产氢速率			氢气浓度			pH			氧化还原电位			生物量浓度			还原糖浓度		
	F	P	F_{crit}	F	P	F_{crit}	F	P	F_{crit}	F	P	F_{crit}	F	P	F_{crit}	F	P	F_{crit}
#1	28.18	4.91E-08	3.01	995.56	2.64E-25	3.01	140.49	2.35E-15	3.01	554.18	2.76E-22	3.01	76.33	2.04E-12	3.01	23307.56	1.07E-41	3.01
#2	1696.27	4.6E-28	3.01	413.28	8.78E-21	3.01	91.62	2.79E-13	3.01	2176.66	2.34E-29	3.01	149.36	1.17E-15	3.01	244.34	4.09E-18	3.01
#3	3388.59	1.17E-31	3.01	888.52	1.02E-24	3.01	88.29	4.19E-13	3.01	758.91	6.66E-24	3.01	66.52	8.95E-12	3.01	896.22	9.23E-25	3.01
出口	—	—	—	—	—	—	93.18	2.32E-13	3.01	1229.23	2.15E-26	3.01	44.51	5.84E-10	3.01	789.48	4.17E-24	3.01

厌氧发酵产氢过程中会产生大量的乙酸和丁酸代谢副产物[32]。活性污泥暗发酵产氢副产物中，主要可溶性物质有乙酸和丁酸，随后还有少量的乙醇和丙酸。其他可溶性挥发性脂肪酸（甲酸、异丁酸、异戊酸）由于含量极少，本书中不再讨论。暗发酵液中挥发性脂肪酸浓度顺序：乙酸>丁酸>乙醇>丙酸。当水力滞留时间为48h时，乙酸和丁酸在#1反应室中快速生成，随后直至排出制氢装置，浓度只有少量增大。这是由于水力滞留时间太长，活性污泥功能菌落在#1反应室中消耗了大量的底物进行生长、代谢和产氢，大量挥发性脂肪酸的累积会导致pH值的快速下降。当水力滞留时间从48h变为24h时，进料速度的快速增大，使活性污泥功能菌落可以利用更多的底物进行代谢，从而生成更多的脂肪酸。但是当水力滞留时间过短时，较高的进料速率对反应液中微生物造成严重的冲刷，导致挥发性脂肪酸的浓度下降。丁酸梭菌属于梭状芽胞杆菌属，研究者们发现该类型的发酵属于丁酸-乙酸型发酵。丁酸型发酵在细胞内NADH的富集上缺乏稳定性。细胞内NADH/NAD+比例、发酵代谢副产物对微生物产氢性能有重要影响。为了保持一个较好的NADH/NAD+比例，微生物通过NADH途径进行，从而导致了NADH在发酵途中的再氧化[40]。NADH被进一步用来产氢和产乙醇[32]。上述结果表明，该制氢装置中发酵类型属于混合酸性发酵类型。在丁酸梭菌产氢过程中，H^+需要电子还原成H_2，但是反应液中的乙醇作为发酵途径中消耗电子的产物，也会与H^+竞争离子。一些研究表明，乙醇和丙酸是不利于暗发酵制氢稳定的有害代谢产物[26,41]。在本试验中，乙醇浓度一直保持较低的水平（0.22mol/L→1.52mol/L），同样地，丙酸也保持着较低的浓度（0.14mol/L→0.68mol/L），这有利于活性污泥功能菌落暗发酵产氢的快速进行和产氢量的提高。

3.1.4　有机负荷率对连续流暗发酵生物制氢的影响

从表3-2中可以看出，随着有机负荷率从20g/(L·d)减小为10g/(L·d)，同时水力滞留时间从12h增大为24h，产氢速率从27.69mol/(m³·d)增加为40.45mol/(m³·d)；随着有机负荷率继续减小为5g/(L·d)（水力滞留时间为48h），产氢速率减小为18.99mol/(m³·d)。当有机负荷率为10g/(L·d)时，得到最大产氢速率40.45mol/(m³·d)，相比光发酵产氢速率[104.7mol/(m³·d)，水力滞留时间24h，底物浓度10g/L，有机负荷率10g/(L·d)]稍微低一些[23]。更高的有机负荷率导致更高的产氢速率，这可能是由于更快的传质速率。当有机负荷率从20g/(L·d)减小为5g/(L·d)时,产氢量呈现先增大后减小的趋势,当有机负荷率为10g/(L·d)时得到最大产氢量4.05mmol/g。这可能是因为由于水力滞留时间的缩短,暗发酵制氢装置中的产氢细菌因为入口流速的增大而不能充分利用反应液中的葡萄糖[34]。规模化生物制氢装置中,随着有机负荷率的减小,产氢速率和产氢量也会呈现规律性变化,这和我们的研究是一致的[39]。

表3-2 有机负荷率对连续流暗发酵产氢量的影响

水力滞留时间/h	底物浓度/(g/L)	有机负荷率/[g/(L·d)]	产氢速率/[(mol/m³·d)]	产氢量/(mmol/g)
12	10	20	27.69	1.38
24	10	10	40.45	4.05
36	10	6.67	26.26	3.94
48	10	5	18.99	3.80

3.2 底物浓度对连续流暗发酵生物制氢的影响

3.2.1 底物浓度对连续流暗发酵生物制氢气体特性的影响

从图3-7中可以看出,在产氢的第1个阶段(批次模式),产氢速率随着时间延长不断增大。在第2个阶段(4～10d),底物浓度为10g/L,得到的平均产氢速率为40.45mol/(m³·d)。在第3个阶段(11～17d),产氢速率提升到73.48mol/(m³·d),并基本维持在这一数值。随后,在产氢的第4个阶段(18～24d)和第5个阶段(25～31d)得到平均的产氢速率为100.16mol/(m³·d)和92.50mol/(m³·d)。

图3-8中,当底物浓度为10g/L时,生物制氢装置中#1反应室产氢速率为26.11mol/(m³·d),总产氢速率为40.45mol/(m³·d),这个较低的产氢速率可能是因为底物浓度较低,不能给细菌提供足够的能量。#1反应室产氢速率随着底物浓度增大为30g/L而增大为79.32mol/(m³·d),总产氢速率为100.16mol/(m³·d)。然后,随着底物浓度继续增加为40g/L,生物制氢装置产氢速率开始下降。随着生物制氢装置中底物浓度的增加,#2和#3反应室的产氢速率和氢气浓度呈现出抛物线形状的变化趋势,#1反应室的产氢速率和氢气浓度则呈现

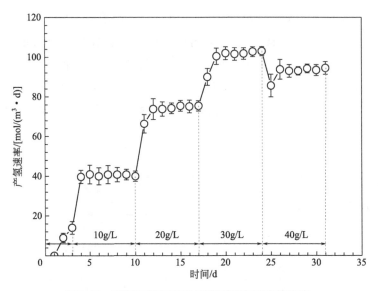

图3-7 底物浓度随时间对暗发酵产氢速率的影响

连续直线上升的变化趋势。当底物浓度为10g/L时，#1反应室拥有较低的产氢速率26.11mol/(m³·d)，同时#2和#3反应室产氢速率分别为50.82mol/(m³·d)和44.41mol/(m³·d)（均大于#1反应室数值）。当底物浓度为10g/L时，#2反应室相比#1反应室的产氢速率有很大提高，这样的变化表明，可以通过提高有机负荷率等手段来进一步提高制氢装置的产氢性能。不同反应室之间的产氢速

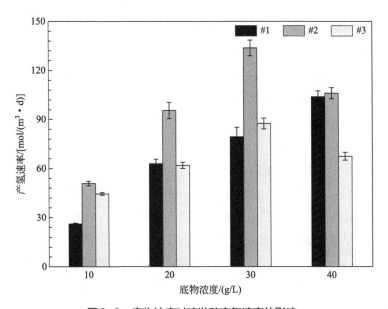

图3-8 底物浓度对暗发酵产氢速率的影响

率有很大的变化时，表明反应液需要进一步搅拌。

从图3-9中可以看出，当底物浓度为10g/L时，制氢装置中#1～#3反应室的氢气浓度呈现先增大后减小的趋势（38.24%→43.97%→41.99%）。随着底物浓度由10g/L变为40g/L，反应室中的氢气浓度同样呈现先增大后减小的趋势。当底物浓度为10g/L时，在#1反应室中得到38.24%最小的氢气浓度。当底物浓度为30g/L时，在#2反应室中得到51.39%最大的氢气浓度。

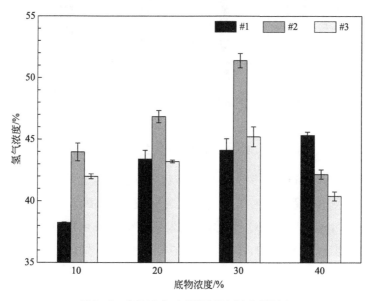

图3-9　底物浓度对暗发酵氢气浓度的影响

3.2.2　底物浓度对连续流暗发酵生物制氢液体特性的影响

图3-10中随着底物浓度从10g/L增大为40g/L，#1～#3反应室和出口的pH值呈现逐渐减小的趋势，并且随着反应液流动方向（#1→#3）缓慢下降。当底物浓度增加为40g/L时，#1～#3反应室和出口的pH值分别从5.64、5.60、5.57、5.54下降为4.82、4.53、4.41、4.34。随着底物浓度从10g/L增加为30g/L，过量的葡萄糖被带入制氢装置中，这就导致了微生物的快速生长。随着微生物产生的挥发性脂肪酸的累积，反应液的pH值开始下降。

如图3-11所示，随着底物浓度从10g/L增大为40g/L，氧化还原电位（除了#1反应室）不断下降。当底物浓度为30g/L时，在制氢装置出口得到最低氧化还原电位−501.14mV，同时当底物浓度为10g/L时，得到最高氧化还原

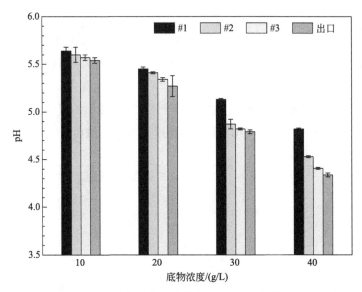

图3-10   底物浓度对暗发酵反应液pH值的影响

电位-382.71mV。Lin等研究有机负荷率对暗发酵产氢影响时也发现了同样的情况[42]。在另外一篇研究中，当氧化还原电位在-460mV时，得到了最大的产氢速率12.27mmol/(L·h)。研究者们发现较低的氧化还原电位能够给暗发酵产氢试验创造一个适宜的环境。本书中的试验数据呈现了一个比较理想的结果。

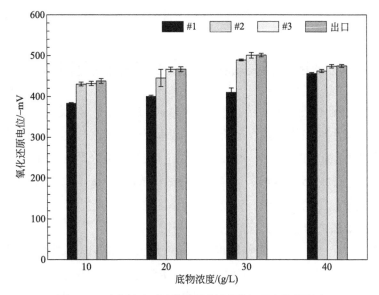

图3-11   底物浓度对暗发酵反应液氧化还原电位的影响

图3-12中，随着底物浓度从10g/L增加为30g/L，#1和出口的生物量浓度呈现先增加后下降的变化趋势（1.25g/L→1.84g/L→1.68g/L，1.51g/L→2.23g/L→2.18g/L），同时#2和#3反应室的生物量浓度呈现不断增加的趋势。当底物浓度为30g/L时，#2反应室得到最高的生物量浓度2.23g/L。

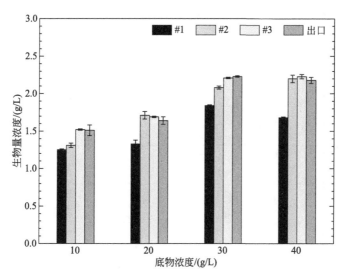

图3-12　底物浓度对暗发酵反应液生物量浓度的影响

随着底物浓度从10g/L增大为40g/L，各反应室的还原糖浓度随着反应液流动方向呈现逐渐减小的趋势。在底物浓度为40g/L时，在#1反应室中获得29.59g/L最高的还原糖浓度值；当底物浓度为10g/L时，在出口处获得5.50g/L最低的还原糖浓度值。底物浓度较高会导致较高的生物量浓度，就微生物生长来讲，这是比较理想的。但过高的底物浓度不仅会导致生物制氢装置产氢速率的下降，而且会导致产氢底物的浪费。考虑到这些情况，试验得出最佳的底物浓度为30g/L。

3.2.3　底物浓度对连续流暗发酵生物制氢影响的方差分析

试验利用单因素方差分析对产氢速率、产氢浓度、pH值、氧化还原电位、生物量浓度和还原糖浓度的变化进行分析，并且分析了底物浓度对上述因素的影响（表3-3）。所有参数的P值均非常小（<0.001），并且$F \gg F_{crit}$。试验数据和理论结果表明，底物浓度对暗发酵产氢试验具有显著的影响。

表3-3 方差分析

位置	产氢速率			氢气浓度			pH			氧化还原电位			生物量浓度			还原糖浓度		
	F	P	F_{crit}	F	P	F_{crit}	F	P	F_{crit}	F	P	F_{crit}	F	P	F_{crit}	F	P	F_{crit}
#1	1568.16	1.18E-27	3.01	189.88	7.54E-17	3.01	9154.95	7.9E-37	3.01	199.88	4.17E-17	3.01	2002.18	6.35E-29	3.01	51476.46	7.98E-46	3.01
#2	1015.78	2.08E-25	3.01	366.79	3.57E-20	3.01	2475.58	5.02E-30	3.01	36.68	3.99E-09	3.01	242.41	4.49E-18	3.01	85123.01	1.91E-48	3.01
#3	413.85	8.64E-21	3.01	140.95	2.26E-15	3.01	13295.26	9.01E-39	3.01	29.88	2.85E-08	3.01	215.55	1.75E-17	3.01	21702.28	2.53E-41	3.01
出口	—	—	—	—	—	—	763.90	6.16E-24	3.01	37.80	2.98E-09	3.01	416.14	8.1E-21	3.01	9177.08	7.68E-37	3.01

如前述，乙酸和丁酸是最主要的产物，其次是少量的乙醇和丙酸。反应液中其他非常少量的挥发性脂肪酸在本书中没有进行讨论。产氢微生物在底物浓度为40g/L时产生的乙酸远大于底物浓度为10g/L时，这是因为当微生物降解葡萄糖进行代谢来生长和产氢时，高浓度的底物会导致微生物产生高浓度的挥发性脂肪酸。在高浓度底物条件下，活性微生物可以利用更多的营养物质来生长和产氢。然而，高浓度的底物浓度会导致大量的挥发性脂肪酸的产生和累积，而脂肪酸会降低反应液pH值而导致产氢性能的降低。研究者们发现，乙醇和丙酸对暗发酵生物制氢有抑制作用，本研究中低水平的乙醇和丙酸浓度有利于创造一个比较稳定的暗发酵微生物环境。

3.2.4　有机负荷率对连续流暗发酵生物制氢的影响

有机负荷率可以综合表征水力滞留时间和底物浓度对生物制氢装置产氢性能的影响。表3-4展示了有机负荷率、水力滞留时间和底物浓度对生物制氢装置产氢性能的影响。随着有机负荷率从5g/(L·d)增加为30g/(L·d)（水力滞留时间从48h减小为24h，底物浓度从10g/L增加为30g/L），产氢速率从18.99mol/(m³·d)增加为100.16mol/(m³·d)。当有机负荷率进一步增加为40g/(L·d)（水力滞留时间为24h，底物浓度为40g/L），产氢速率减小为92.5mol/(m³·d)。试验中得到最大的产氢速率为100.16mol/(m³·d)。在一定范围内，增加有机负荷率可以增加反应液中的生物量浓度，进而提高装置的产氢速率。从表3-4中可以看出，试验中使用的制氢装置在有机负荷率为30g/(L·d)时具有更好的产氢性能。随着有机负荷率的增长，产氢量呈现抛物线形的变化趋势（图3-13）。当有机负荷率为10g/(L·d)时，得到最大的产氢量4.05mmol/g。这个结果可以解释为短的水力滞留时间造成的入口流速较高，使得微生物没有足够的时间充分利用底物。

表3-4　有机负荷率对连续流暗发酵生物制氢的影响

组别	有机负荷率/[g/(L·d)]	水力滞留时间/h	底物浓度/(g/L)	产氢速率/[mol/(m·d)]	产氢量/(mmol/g)
1	5	48	10	18.99	3.80
2	6.67	36	10	26.26	3.94
3	10	24	10	40.45	4.05

续表

组别	有机负荷率 /[g/(L·d)]	水力 滞留时间/h	底物浓度 /(g/L)	产氢速率 /[mol/(m·d)]	产氢量 /(mmol/g)
4	20	24	20	73.48	3.67
5	30	24	30	100.16	3.34
6	40	24	40	92.5	2.31

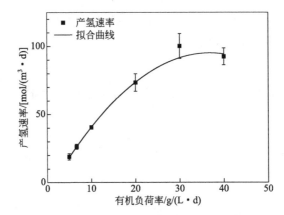

图3-13 有机负荷率对产氢速率的影响

试验采用拱门模型对暗发酵生物制氢试验数据进行数据拟合，将有机负荷率对制氢速率的影响数字化。产氢速率与有机负荷率的关系可以用式（3-1）表示。

$$Y = -0.076X^2 + 5.58X - 7.59 \tag{3-1}$$

其中，Y代表产氢速率，mol/(m³·d)；X代表有机负荷率，g/(L·d)。这个方程可以很好地预测有机负荷率和产氢速率的关系，方程的相关系数达到0.9955。

参考文献

[1] Show K Y, Lee D J, Chang J S. Bioreactor and process design for biohydrogen production [J]. Bioresource Technology, 2011, 102 (18): 8524-8533.

[2] Han W, Hu Y Y, Li S Y, et al. Biohydrogen production in the suspended and attached microbial growth systems from waste pastry hydrolysate [J]. Bioresource Technology, 2016, 218: 589-594.

[3] Zhang H, Chen G, Zhang Q, et al. Photosynthetic hydrogen production by alginate immobilized bacterial consortium [J]. Bioresour Technol, 2017, 236: 44-48.

[4] Lu C Y, Jing Y Y, Zhang H, et al. Biohydrogen production through active saccharification and photo-fermentation from alfalfa [J]. Bioresource Technology, 2020, 304: 123007.

[5] Jiang D P, Zhang X T, Jing Y Y, et al. Towards high light conversion efficiency from photo-fermentative hydrogen production of *Arundo donax* L. By light-dark duration alternation strategy [J]. Bioresource Technology, 2022, 344: 126302.

[6] Lu C, Jiang D, Jing Y, et al. Enhancing photo-fermentation biohydrogen production from corn stalk by iron ion [J]. Bioresource Technology, 2022, 345: 126457.

[7] Lu C Y, Li W Z, Zhang Q G, et al. Enhancing photo-fermentation biohydrogen production by strengthening the beneficial metabolic products with catalysts [J]. Journal of Cleaner Production, 2021, 317: 128437.

[8] Guo S Y, Lu C Y, Wang K X, et al. Enhancement of pH values stability and photo-fermentation biohydrogen production by phosphate buffer [J]. Bioengineered, 2020, 11 (1): 291-300.

[9] Jiang D P, Yue T, Zhang Z P, et al. A strategy for successive feedstock reuse to maximize photo-fermentative hydrogen production of *Arundo donax* L. [J]. Bioresource Technology, 2021, 329: 124878.

[10] Zhang Z, Li Y, Zhang H, et al. Potential use and the energy conversion efficiency analysis of fermentation effluents from photo and dark fermentative bio-hydrogen production [J]. Bioresource Technology, 2017, 245 (Pt A): 884-889.

[11] Elbeshbishy E, Dhar B R, Nakhla G, et al. A critical review on inhibition of dark biohydrogen fermentation [J]. Renewable & Sustainable Energy Reviews, 2017, 79: 656-668.

[12] Lu C Y, Zhang H, Zhang Q G, et al. Optimization of biohydrogen production from cornstalk through surface response methodology [J]. Journal of Biobased Materials and Bioenergy, 2019, 13 (6): 830-839.

[13] Budiman P M, Wu T Y. Role of chemicals addition in affecting biohydrogen production through photofermentation [J]. Energy Conversion and Management, 2018, 165: 509-527.

[14] Silva-Illanes F, Tapia-Venegas E, Schiappacasse M C, et al. Impact of hydraulic retention time (HRT) and pH on dark fermentative hydrogen production from glycerol [J]. Energy, 2017, 141: 358-367.

[15] Ghimire A, Frunzo L, Pirozzi F, et al. A review on dark fermentative biohydrogen production from organic biomass: Process parameters and use of by-products [J]. Applied Energy, 2015, 144: 73-95.

[16] Pattanamanee W, Chisti Y, Choorit W. Photofermentive hydrogen production by *Rhodobacter sphaeroides* S10 using mixed organic carbon: Effects of the mixture composition [J]. Applied Energy, 2015, 157: 245-254.

[17] Alexandropoulou M, Antonopoulou G, Trably E, et al. Continuous biohydrogen production

from a food industry waste: Influence of operational parameters and microbial community analysis [J]. Journal of Cleaner Production, 2018, 174: 1054-1063.

[18] Urbaniec K, Grabarczyk R. Raw materials for fermentative hydrogen production [J]. Journal of Cleaner Production, 2009, 17 (10): 959-962.

[19] Eker S, Sarp M. Hydrogen gas production from waste paper by dark fermentation: Effects of initial substrate and biomass concentrations [J]. International Journal of Hydrogen Energy, 2017, 42 (4): 2562-2568.

[20] Sivagurunathan P, Lin C Y. Enhanced biohydrogen production from beverage wastewater: Process performance during various hydraulic retention times and their microbial insights [J]. Rsc Advances, 2016, 6 (5): 4160-4169.

[21] Zahedi S, Sales D, Romero L I, et al. Hydrogen production from the organic fraction of municipal solid waste in anaerobic thermophilic acidogenesis: Influence of organic loading rate and microbial content of the solid waste [J]. Bioresource Technology, 2013, 129: 85-91.

[22] Lee D Y, Xu K Q, Kobayashi T, et al. Effect of organic loading rate on continuous hydrogen production from food waste in submerged anaerobic membrane bioreactor [J]. International Journal of Hydrogen Energy, 2014, 39 (30): 16863-16871.

[23] Lu C, Zhang Z, Zhou X, et al. Effect of substrate concentration on hydrogen production by photo-fermentation in the pilot-scale baffled bioreactor [J]. Bioresour Technol, 2018, 247: 1173-1176.

[24] Vatsala T M, Raj S M, Manimaran A. A pilot-scale study of biohydrogen production from distillery effluent using defined bacterial co-culture [J]. International Journal of Hydrogen Energy, 2008, 33 (20): 5404-5415.

[25] Ren N Q, Li J Z, Li B K, et al. Biohydrogen production from molasses by anaerobic fermentation with a pilot-scale bioreactor system [J]. International Journal of Hydrogen Energy, 2006, 31 (15): 2147-2157.

[26] Lin C Y, Wu S Y, Lin P J, et al. A pilot-scale high-rate biohydrogen production system with mixed microflora [J]. International Journal of Hydrogen Energy, 2011, 36 (14): 8758-8764.

[27] Lu C Y, Zhang H, Zhang Q G, et al. An automated control system for pilot-scale biohydrogen production: Design, operation and validation [J]. International Journal of Hydrogen Energy, 2020, 45 (6): 3795-3806.

[28] Lu C Y, Wang Y, Lee D J, et al. Biohydrogen production in pilot-scale fermenter: Effects of hydraulic retention time and substrate concentration [J]. Journal of Cleaner Production, 2019, 229: 751-760.

[29] Zhang Q G, Zhang Z P, Wang Y, et al. Sequential dark and photo fermentation hydrogen

production from hydrolyzed corn stover: A pilot test using 11m³ reactor [J]. Bioresource Technology, 2018, 253: 382-386.

[30] Rosa P R F, Santos S C, Sakamoto I K, et al. Hydrogen production from cheese whey with ethanol-type fermentation: Effect of hydraulic retention time on the microbial community composition [J]. Bioresource Technology, 2014, 161: 10-19.

[31] Palomo-Briones R, Razo-Flores E, Bernet N, et al. Dark-fermentative biohydrogen pathways and microbial networks in continuous stirred tank reactors: Novel insights on their control [J]. Applied Energy, 2017, 198: 77-87.

[32] Roy S, Vishnuvardhan M, Das D. Continuous thermophilic biohydrogen production in packed bed reactor [J]. Applied Energy, 2014, 136: 51-58.

[33] Lee Y J, Miyahara T, Noike T. Effect of pH on microbial hydrogen fermentation [J]. Journal of Chemical Technology and Biotechnology, 2002, 77 (6): 694-698.

[34] Wang B, Li Y, Ren N. Biohydrogen from molasses with ethanol-type fermentation: Effect of hydraulic retention time [J]. International Journal of Hydrogen Energy, 2013, 38 (11): 4361-4367.

[35] Kumar G, Sivagurunathan P, Pugazhendhi A, et al. A comprehensive overview on light independent fermentative hydrogen production from wastewater feedstock and possible integrative options [J]. Energy Conversion and Management, 2017, 141: 390-402.

[36] Roy S, Vishnuvardhan M, Das D. Improvement of hydrogen production by newly isolated *Thermoanaerobacterium thermosaccharolyticum* IIT BT-ST1 [J]. International Journal of Hydrogen Energy, 2014, 39 (14): 7541-7552.

[37] Buitron G, Carvajal C. Biohydrogen production from Tequila vinasses in an anaerobic sequencing batch reactor: Effect of initial substrate concentration, temperature and hydraulic retention time [J]. Bioresource Technology, 2010, 101 (23): 9071-9077.

[38] Badiei M, Jahim J M, Anuar N, et al. Effect of hydraulic retention time on biohydrogen production from palm oil mill effluent in anaerobic sequencing batch reactor [J]. International Journal of Hydrogen Energy, 2011, 36 (10): 5912-5919.

[39] Zhang Q, Lu C, Lee D J, et al. Photo-fermentative hydrogen production in a 4m³ baffled reactor: Effects of hydraulic retention time [J]. Bioresour Technol, 2017, 239: 533-537.

[40] Zhao B H, Yue Z B, Zhao Q B, et al. Optimization of hydrogen production in a granule-based UASB reactor [J]. International Journal of Hydrogen Energy, 2008, 33 (10): 2454-2461.

[41] Li C L and Fang H H P. Fermentative hydrogen production from wastewater and solid wastes by mixed cultures [J]. Critical Reviews in Environmental Science and Technology, 2007, 37 (1): 1-39.

[42] Lin C Y, Wu S Y, Lin P J, et al. Pilot-scale hydrogen fermentation system start-up performance [J]. International Journal of Hydrogen Energy, 2010, 35 (24): 13452-13457.

第 **4** 章

连续流光发酵生物
制氢试验研究

光合生物制氢已经成为制取可再生环保能源——氢能的一种重要方式[1, 2]。由于这种方式不依赖不可再生能源，且生产过程清洁无污染，而受到越来越多的关注[3-5]。在所有制氢方式中，光合制氢因为其可利用底物范围广、底物转化效率高、产氢速率快等优点而被认为是有广阔前景的制氢方式[6-8]。光照度、pH值、有机负荷率、接种量、水力滞留期、菌种等对光合制氢有重要影响[9-15]，这些因素直接影响着产氢过程中菌落生物量和微生物代谢途径，是光合生物制氢研究的重点[16-19]。

特别对于大规模光合制氢来说，水力滞留期对产氢的影响尤为重要[20,21]。水力滞留期是影响生物制氢规模化生产性能的最为重要的因素之一。Zhang等利用混合菌落研究了水力滞留期和混合方法对光发酵生物制氢的影响，在折流板式光合发酵生物反应器中，消化稳定性会随着水力滞留时间的延长而增强；折流板式光合发酵生物反应器得到 $4.16m^3/(m^3 \cdot d)$ 的最大产氢速率，此时最高累计产氢量为 $11.48m^3/m^3$ [9,22]。Karlsson等以食物残渣和粪便为原料，利用DDF方法优化了水力滞留期、温度和提取率等生物制氢工艺因素[23]。另外各式各样的反应器模式也是生物制氢的研究热点，包括批次、连续、搅拌釜式反应器等[24-25]。

因此，本章利用有效发酵容积为 $4m^3$，以太阳光聚焦过滤光纤传为光合发酵折流板式连续产氢装置提供光源，太阳光伏电源LED灯作为光合发酵折流板式连续产氢装置的辅助光源[30-31]，研究了不同水力滞留期对光合生物发酵连续制氢工艺的影响[32]，探索了水力滞留期与产氢速率、氢气浓度、pH值、氧化还原电位、生物量、底物浓度等参数之间的相关关系[14,33-35]，为连续流光合生物制氢工艺技术与装置的进一步研究提供技术支持。

4.1　水力滞留时间对连续流光发酵生物制氢的影响

4.1.1　水力滞留时间对连续流光发酵生物制氢气体特性的影响

图4-1展示了水力滞留时间对连续流光发酵生物制氢装置4个串联反应室产氢速率的影响。随着水力滞留时间从72h降为24h，#1反应室的产氢速率从181.25mol/(m³·d) 降为70.54mol/(m³·d)；#2反应室的产氢速率从72h时的49.55mol/(m³·d) 快速上升为48h时的133.48mol/(m³·d)，然后又下降为24h时的118.30mol/(m³·d)；#3反应室的产氢速率从16.96mol/(m³·d) 上升为133.04mol/(m³·d)；#4反应室的产氢速率从8.93mol/(m³·d) 上升为96.88mol/(m³·d)，光合生物制氢装置的产氢速率从64.29mol/(m³·d) 上升为104.91mol/(m³·d)。在水力滞留时间为72h时，光发酵生物制氢中产氢培养基和光合产氢细菌的进料速率较慢，光合产氢细菌在#1反应室有足够的水力滞留时间降解底物生长和产氢，从而导致了#1反应室的产氢速率较高。随着水力滞留时间的缩短，产氢培养基和光合产氢细菌的进料速率不断提高，大量的产氢

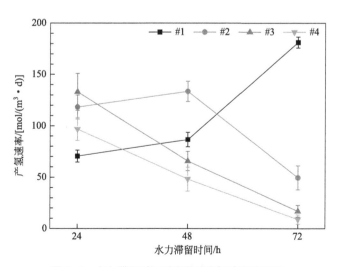

图4-1　水力滞留时间对光发酵产氢速率的影响

底物被快速泵入光合生物制氢装置中，为光合产氢细菌提供生长和产氢的营养需求，这就确保了光合生物制氢装置整体产氢速率快速上升。同时，光合产氢细菌在#1反应室中没有足够的时间生长和产氢，从而使产氢最高峰从#1反应室向#2和#3反应室移动。

图4-2展示了水力滞留时间对连续流光发酵生物制氢装置4个串联反应室的氢气浓度的影响。从图中可以看出，当水力滞留时间从72h下降为24h时，光合生物制氢装置#1反应室的氢气浓度呈现连续下降趋势，从（49.47±0.37）%下降为（43.44±0.84）%；#2反应室从（40.27±2.15）%上升为（49.15±0.68）%，然后又下降为（46.39±1.34）%；#3和#4反应室的氢气浓度呈现上升趋势，分别从72h时的（29.25±2.41）%和（25.04±5.51）%上升为24h时的（46.98±2.11）%和（44.5±1.42）%。随着水力滞留时间的缩短，生物制氢装置的氢气浓度呈现连续上升趋势。高氢气浓度说明较短的水力滞留时间可以为光合细菌提供适宜的环境。相似的结果在Badiei的研究中也有报道[36]。

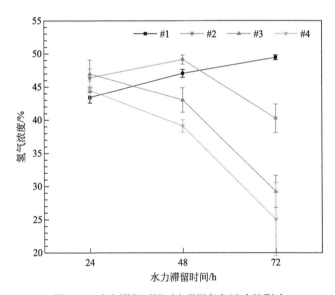

图4-2 水力滞留时间对光发酵氢气浓度的影响

4.1.2 水力滞留时间对连续流光发酵生物制氢液体特性的影响

图4-3展示了水力滞留时间对连续流光发酵生物制氢装置4个串联反应室pH值的影响。当水力滞留时间从72h降为24h时，#1反应室的pH值从4.37±0.01

上升为5.52±0.02，#2反应室的pH值从4.61±0.09上升为5.29±0.01，#3和#4反应室的pH值呈现缓慢下降趋势，分别从5.40±0.03和6.25±0.16下降为5.03±0.01和5.83±0.01。这是因为产氢微生物在产氢的过程中首先将葡萄糖降解为可溶性挥发性脂肪酸，挥发性脂肪酸的积累导致了反应液pH值的不断下降。随着水力滞留时间从72h下降为24h，光合细菌和产氢培养基泵入生物制氢装置的速率不断增大，光合产氢细菌快速通过#1反应室到达后面的反应室，这就导致了#1和#2反应室反应液pH值的回升和后面反应室pH值的下降。当水力滞留时间为24h时，连续流光发酵生物制氢装置的pH值从#1反应室到#3反应室呈现连续下降趋势，#3反应室到#4反应室的pH值呈现回升的趋势，Zhang等也报道了相似的结果[9]。这可能是因为随着产氢微生物对葡萄糖的降解殆尽和挥发性脂肪酸的积累，产氢微生物开始利用反应液中的挥发性脂肪酸进行产氢，这就导致了反应液的pH值缓慢回升。

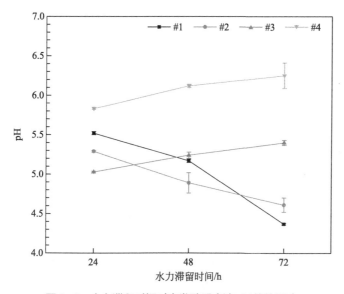

图4-3 水力滞留时间对光发酵反应液pH值的影响

图4-4展示了水力滞留时间对连续流光发酵生物制氢装置4个串联反应室的氧化还原电位的影响。从图中可以看出，当水力滞留时间从72h下降为24h时，光合生物制氢装置#1反应室的氧化还原电位呈现回升趋势，从（−474.43±25.01）mV上升为（−404.14±6.52）mV，#2反应室从72h时的（−356.57±14.29）mV下降为48h时的（−456.43±24.38）mV，然后缓慢回升为24h时的（−436.43±14.27)mV,#3和#4反应室的氧化还原电位均呈现下降趋势，

分别从（-178.57±12.16）mV和（-112.86±6.52）mV下降为（-503.14±50.61）mV和（-481±42.52）mV。还原电位是表征生化反应的一个重要参数，它反应了反应液中电子得失情况。在发酵产氢过程中，产氢反应液中NADH电子的积累使还原电位不断下降，有利于保持脱氢酶的活性，形成有益于微生物制氢的微环境[37]。

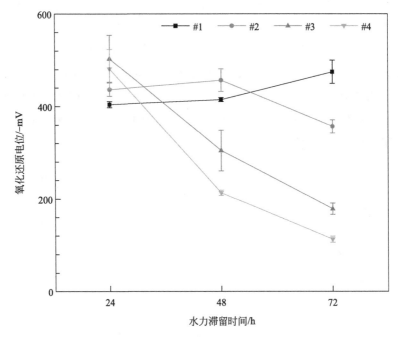

图4-4　水力滞留时间对光发酵反应液氧化还原电位的影响

图4-5展示了水力滞留时间对连续流光发酵生物制氢装置4个串联反应室的生物量的影响。当水力滞留时间从72h下降为24h时，#1反应室的光发酵产氢微生物的生物量呈现连续下降趋势，从（2.64±0.05）g VSS/L下降为（2.2±0.02）g VSS/L；#2和#3反应室呈现抛物线形的变化趋势；#4反应室呈现上升趋势，从（2.01±0.01）g VSS/L上升为（2.44±0.004）g VSS/L。这是因为随着水力滞留时间的缩短，光合产氢细菌和产氢培养基的泵入速率不断提高，光合产氢细菌在#1反应室还没进入生长对数期就已流入后面的反应室，这就导致了#1反应室中生物量的下降。

水力滞留时间对生物量的影响的曲线变化趋势跟水力滞留时间对产氢速率的影响的曲线变化趋势基本一致，这也说明了光合产氢微生物量与产氢速率有密切的关系，两者呈现正相关关系。

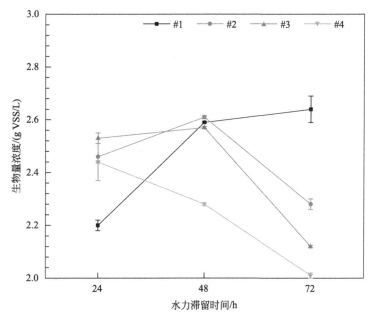

图4-5　水力滞留时间对光发酵生物量浓度的影响

当水力滞留时间从72h下降为24h时，光合生物制氢装置4个反应室反应液的还原糖浓度均呈现上升趋势，并且#1反应室反应液还原糖浓度最大，其次为#2和#3反应室，最后是#4反应室，其还原糖浓度基本为零。这是因为随着底物在光合生物制氢装置的#1-#4反应室流过，光合细菌会不断利用反应液中的底物进行生长和产氢，还原糖浓度就会不断下降。#2反应室的反应液还原糖浓度比#1反应室的还原糖浓度具有更大的下降速率，下降值为47.57%～59.47%，此时#2反应室的还原糖浓度只有初始底物浓度的28.9%～46.3%。这表明底物进入光合生物制氢装置后即被光合产氢细菌快速降解，从而使反应室内产氢微生物量快速上升。

4.1.3　水力滞留时间对连续流光发酵生物制氢影响的方差分析

从表4-1中可以看出，试验通过单因素方差分析研究了水力滞留时间对规模化生物制氢过程中的产氢速率、产氢浓度、pH值、氧化还原电位、生物量和还原糖浓度等工艺参数影响的显著性。产氢速率、产氢浓度、pH值、氧化还原电位、生物量和还原糖浓度的P值均远小于0.001，$F > F_{crit}$。上述情况表明反应器连续产氢受到水力滞留时间的显著影响。

表4-1 单因素方差分析

位置	产氢速率			氢气浓度			pH			氧化还原电位			生物量			还原糖浓度		
	F	P	F_{crit}	F	P	F_{crit}	F	P	F_{crit}	F	P	F_{crit}	F	P	F_{crit}	F	P	F_{crit}
#1	678.42	1.13E-17	3.55	163.19	2.91E-12	3.55	9420.91	6.57E-28	3.55	43.99	1.18E-07	3.55	438.64	5.37E-16	3.55	348.12	4.1E-15	3.55
#2	114.83	5.66E-11	3.55	63.18	7.28E-09	3.55	96.41	2.41E-10	3.55	58.14	1.4E-08	3.55	61.66	8.82E-09	3.55	65.85	5.25E-09	3.55
#3	163.69	2.84E-12	3.55	132.76	1.68E-11	3.55	322.96	7.91E-15	3.55	121.27	3.59E-11	3.55	3010.80	1.86E-23	3.55	216.02	2.62E-13	3.55
#4	144.16	8.35E-12	3.55	64.08	6.52E-09	3.55	36.91	4.28E-07	3.55	403.72	1.11E-15	3.55	11342.51	1.24E-28	3.55	2353.36	1.69E-22	3.55

4.1.4 水力滞留时间对连续流光发酵生物制氢的稳态质量平衡分析

表4-2 各反应室中稳态质量平衡

参数	水力滞留时间/h	#1	#2	#3	#4
$r_i^H/[\text{mmol}/(\text{gVSS}\cdot\text{h})]$	72	0.34	0.57	0.30	0.12
	48	0.39	0.67	0.55	0.20
	24	0.49	1.58	1.21	0.36
$r_i^s/[\text{mmol}/(\text{gVSS}\cdot\text{h})]$	72	2.86	0.91	0.33	0.19
	48	1.39	2.13	1.06	0.88
	24	1.34	2.00	2.19	1.65
$(r_i^H/12)\,r_i^S$	72	71.05%	13.15%	9.13%	13.04%
	48	29.80%	26.70%	16.08%	37.28%
	24	22.61%	10.56%	15.07%	38.24%

注：r_i^H为单位生物量产氢速率，$[\text{mmol}/(\text{gVSS}\cdot\text{h})]$，$r_i^s$为单位生物量葡萄糖消耗率，$[\text{mmol}/(\text{gVSS}\cdot\text{h})]$；$(r_i^H/12)\,r_i^s$为葡萄糖利用率。

表4-2中展示了生物量浓度数据、葡萄糖浓度数据和#1～#4反应室在水力滞留时间为72h、48h和24h时的单位葡萄糖降解速率r_i^s。在中试化规模的光发酵生物制氢装置中，发酵液和产氢性能都呈现了显著的不均匀性。当水力滞留时间为24h时，#3反应室得到了133.04mol/($\text{m}^3\cdot\text{d}$)的最大产氢速率（pH5.07，生物量2.53g/L），#1反应室得到了最小的产氢速率70.54mol/($\text{m}^3\cdot\text{d}$)（pH5.52，生物量2.20g/L）。上述结果分析可知，各反应室的产氢速率与生物量基本呈现正相关关系，而与pH值呈现负相关关系。

#1反应室的r_i^s随着水力滞留时间的缩短而减小，#2反应室的r_i^s随着水力滞留时间的缩短呈现先增加后减小的趋势，#3和#4反应室的r_i^s随着水力滞留时间的缩短呈现增大的趋势。当水力滞留时间为72h时，r_i^s在反应液流动方向（#1→#4）呈现单调的下降趋势，当水力滞留时间为48h和24h时，r_i^s在反应液流动方向（#1→#4）呈现先增大后减小的趋势[32]。

随着水力滞留时间的连续缩短，#1反应室的比产氢速率r_i^H呈现连续下降的变化趋势，#2和#3号反应室的r_i^H却呈现先增大后减小的抛物线形变化趋势，而#4反应室的比产氢速率r_i^H则呈现单调的上升趋势。当水力滞留时间为24h时，#4反应室消耗的葡萄糖近2/5转化为氢气，而#2反应室的转化率则仅有1/5

左右。基于上面的发现和计算，光发酵制氢装置中的主要反应遵从葡萄糖→中间产物+氢气的变化途径。中间产物包含大量的由葡萄糖酸化生成的挥发性脂肪酸等物质（乙酸、丙酸和丁酸等）。

当水力滞留时间为24h时，#3反应室出现产氢速率高峰值，这是因为从前面反应室冲刷过来了大量的营养物质和微生物。底物浓度与生化反应、中间产物和其他未被讨论的因素（光照度的分布、局部温度的变化）之间的关系，导致了整个连续流光发酵生物制氢装置反应液特性的不均衡性。

4.2　底物浓度对连续流光发酵生物制氢的影响

4.2.1　底物浓度对连续流光发酵生物制氢气体特性的影响

低底物浓度对光发酵生物制氢的影响体现在限制性方面，高底物浓度则对光发酵生物制氢的影响体现在抑制性方面。只有在最适合的底物浓度条件下，光合产氢细菌才能获得最佳的产氢活性。当底物浓度偏离最佳值时，都会造成产氢速率的下降[38]。文献中报道的最佳底物浓度不同，可能是由菌种、温度、水力滞留时间等因素造成的。

图4-6描述了底物浓度对连续流光发酵生物制氢装置4个串联反应室产氢速率的影响。从图中可以看出，当底物浓度为10g/L时，#3反应室得到最大产氢速率（133.12±17.77）mol/(m³·d)，随后是#2和#4反应室，产氢速率分别为（118.16±11.58）mol/(m³·d)和（97.09±11.34）mol/(m³·d)，#1反应室得到最小产氢速率（70.44±5.71）mol/(m³·d)，此时光合生物制氢装置的产氢速率为（104.7±4.72）mol/(m³·d)。当底物浓度从10g/L增加到20g/L时，光合生物制氢装置4个反应室的产氢量均呈现连续增长趋势。当底物浓度为20g/L时，光合生物制氢装置的产氢速率为（148.65±4.19）mol/(m³·d)，#3反应室得到最大产氢速率为（202.64±8.83）mol/(m³·d)，#1反应室得到最小产氢速率为（88.52±2.4）mol/(m³·d)。随着底物浓度继续增加为25g/L时，光合生物制氢4个反应室产氢量均呈现下降趋势。研究结果表明，在本试验底物浓度范围内，连续流光发酵生物制氢装置的产氢速率受到底物浓度的影响较大，产氢速率会随着底物浓度增加呈现先增大后减小的抛物线形变化趋势。这是因为随着底物浓度的增大，光合产氢微生物可以获得更多的营养来生长和产氢，故而产氢速

率不断增大。但是随着底物浓度超过最佳值后，过高的底物浓度会对光合产氢微生物产氢活性产生抑制作用，产氢过程会产生挥发性脂肪酸等物质，会导致反应液中pH值的进一步下降，破坏产氢环境。

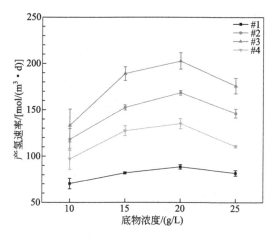

图4-6　底物浓度对光发酵产氢速率的影响

图4-7展示了底物浓度对光合生物制氢装置4个反应室氢气浓度的影响。从图中可以看出，光合生物制氢装置的产氢浓度基本维持在（42.19±0.94）%～（49.71±0.27）%。当底物浓度从10g/L增加为20g/L时，光合生物制氢装置4个反应室的氢气浓度都呈现增长趋势，随着底物浓度增加为25g/L，4个反应室的氢气浓度均呈现下降趋势。当底物浓度为10g/L时，#1反应室出现（43.44±0.84）%的最小氢气浓度，最大氢气浓度为#3反应室的

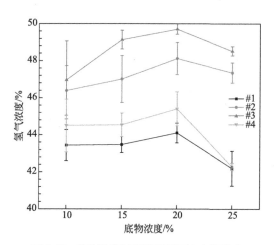

图4-7　底物浓度对光发酵氢气浓度的影响

（46.98±2.11）%。当底物浓度为20g/L时，#3反应室出现（49.71±0.27）%的最大产氢浓度。HAU-M1光合产氢细菌利用葡萄糖产氢过程，会将葡萄糖降解为乙酸和丁酸等中间代谢产物。当光合产氢细菌发酵方式为乙酸型代谢途径时的氢气浓度，比丁酸型代谢途径更高。当底物浓度为20g/L时，整体氢气浓度较高，这可能是因为随着光合生物制氢装置反应液的浓度增大，光合产氢细菌的代谢途径转向丁酸型发酵，生成二氧化碳和氢气的比例发生改变造成氢气浓度的增大。

4.2.2　底物浓度对连续流光发酵生物制氢液体特性的影响

不同底物浓度对光合生物制氢装置中pH值的变化有直接影响，pH值的变化直接影响参与新陈代谢过程的氢化酶的活性，并且影响不同种类细菌的生长繁殖速率，从而影响光合生物制氢装置中微生物菌落的变化，导致产氢速率的变化。

图4-8展示了底物浓度对光合生物制氢装置4个反应室反应液酸碱度的影响。当底物浓度从10g/L增加为25g/L时，连续流光发酵生物制氢装置4个串联反应室的pH值均呈现连续下降趋势。分析其原因，可能是因为反应液进入光合生物制氢装置中后，光合产氢细菌会降解反应液中的葡萄糖，产生氢气和可溶性挥发性有机酸等代谢产物，挥发性脂肪酸的积累影响反应液pH的下降。随着反应液中底物浓度的增大，光合产氢微生物可以利用更多的产氢底物产生更多的挥发性脂肪酸，导致反应液pH值的进一步下降。当底物浓度为10g/L时，光合生物制氢装置#1 ~ #3反应室中pH值呈现下降趋势，从5.52±0.02下

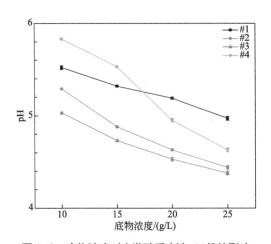

图4-8　底物浓度对光发酵反应液pH值的影响

降到5.03±0.01，然后#4反应室pH值呈现回升趋势，回升到5.83±0.01。分析其原因，这可能是因为在光合微生物产氢的前期，光合细菌产生的大量的挥发性脂肪酸使反应液pH值不断下降；但是在产氢后期，光合产氢微生物可以利用反应液中的挥发性脂肪酸进行产氢，从而又使反应液的pH值得以回升[39]。

　　氧化还原电位是判断厌氧发酵产氢环境适宜性的一个重要指标。在光合发酵产氢过程中，反应液中的NADH电子的积累和NADH/NAD+动态平衡变化会使得产氢反应液的氧化还原电位不断下降并维持在一定适宜产氢的范围，从而在反应液中形成一个有利于光发酵制氢的环境[26]。

　　图4-9展示了底物浓度对连续流光发酵生物制氢装置氧化还原电位的影响。从图中可以看出，当底物浓度从10g/L增加为20g/L时，光合生物制氢装置4个反应室的氧化还原电位整体呈现下降趋势，随着底物浓度进一步增大为25g/L，4个反应室的氧化还原电位又呈现连续回升的变化趋势。当底物浓度为10g/L时，#3反应室出现最低氧化还原电位（−503.14±50.61）mV，最高氧化还原电位为#1反应室的（−404.14±6.52）mV。当底物浓度为20g/L时，#3反应室出现最低氧化还原电位（−534.29±2.56）mV。这表明光合生物制氢装置拥有一个比较好的光合发酵制氢环境。

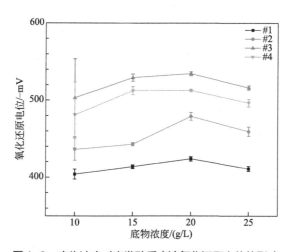

图4-9　底物浓度对光发酵反应液氧化还原电位的影响

　　底物浓度对光合产氢微生物量的影响的曲线，与底物浓度对产氢速率的影响的曲线保持大致相同的变化趋势，这也说明了光合产氢微生物量与产氢速率有密切的关系，两者呈现正相关关系。

　　图4-10展示了底物浓度对连续流光发酵生物制氢生物量浓度的影响。当光

合生物制氢装置底物浓度从10g/L增加为25g/L时，连续流光发酵生物制氢装置4个串联反应室的生物量浓度呈现先增长后下降的变化趋势。当底物浓度为10g/L时，#1反应室出现最低微生物量浓度为（2.20±0.02）g VSS/L，#3反应室出现最大生物量浓度为（2.53±0.02）g VSS/L。当底物浓度为20g/L时，#1反应室出现最小生物量浓度为（2.36±0.001）g VSS/L，#3反应室出现最大生物量浓度为（2.63±0.19）g VSS/L。这是因为随着底物浓度的增大，光合产氢细菌可以利用反应液中更多的底物来提高反应液中的生物量浓度。

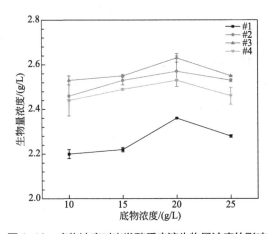

图4-10　底物浓度对光发酵反应液生物量浓度的影响

当底物浓度由10g/L增加为25g/L时，光合生物制氢装置4个反应室的反应液还原糖浓度均呈现连续增长的变化趋势。当底物浓度为25g/L时，#4反应室反应液还原糖浓度为（6.71±0.12）g/L。表明此时反应液中会有大量的底物从光合生物制氢装置中流失，造成资源的大量浪费。因此，在不影响光合生物制氢装置产氢速率的情况下，从节约能源的角度出发，应该使用较低的底物浓度进行光合制氢。

4.2.3　底物浓度对连续流光发酵生物制氢影响的方差分析

如表4-3所示，试验通过单因素方差分析，测试了底物浓度对产氢过程中的产氢速率、产氢浓度、pH、氧化还原电位、生物量和还原糖浓度的影响的显著性。总体来讲，底物浓度对连续流光发酵#1 ～ #4反应室绝大多数参数有显著影响。#1反应室所有参数的P值均小于0.001。同样地，其他反应室的P值也都小于0.001，除了#2反应室氢气浓度（$P=0.039$）和生物量（$P=0.017$），#3反应室氧化还原电位（$P=0.125$）和#4反应室的氧化还原电位（$P=0.033$）。

表4-3　单因素方差分析

位置	产氢速率			氢气浓度			pH			氧化还原电位			生物量浓度			还原糖浓度		
	F	P	F_{crit}	F	P	F_{crit}	F	P	F_{crit}	F	P	F_{crit}	F	P	F_{crit}	F	P	F_{crit}
#1	32.69	1.21E-08	3.01	8.82	4.05E-04	3.01	1243.78	1.87E-26	3.01	28.61	4.26E-08	3.01	301.33	3.56E-19	3.01	50062.58	1.12E-45	3.01
#2	72.62	3.50E-12	3.01	3.26	3.91E-02	3.01	5315.113	5.35E-34	3.01	36.66	4.02E-09	3.01	4.15	0.017	3.01	15945.66	1.02E-39	3.01
#3	48.98	2.21E-10	3.01	8.06	6.92E-04	3.01	2423.808	6.46E-30	3.01	2.11	0.125	3.01	64.24	1.3E-11	3.01	6693.55	3.37E-35	3.01
#4	42.93	8.40E-10	3.01	15.04	1.02E-05	3.01	6805.942	2.76E-35	3.01	3.43	0.033	3.01	28.41	4.56E-08	3.01	525.42	5.18E-22	3.01

4.2.4　有机负荷率对连续流光发酵生物制氢的影响

有机负荷率直接反映了制氢装置中单位时间内单位体积反应液中的有机物浓度，是影响产氢速率的重要因素。当有机负荷率低于最佳值时，反应液不能够满足光合产氢细菌生长和产氢所需的营养，从而限制了产氢速率的进一步提高；当有机负荷率高于最佳值时，反应液中较高的底物浓度会给产氢微生物细胞造成过高的渗透压，从而导致细胞的死亡[40]。另外，较高的进料速率也会给反应器内产氢微生物造成一定的剪切力，这样不利于微生物的生长和产氢[9]。有机负荷率对连续流光发酵生物制氢装置产氢影响的试验结果如表4-4所示。

表4-4　不同有机负荷率对光合生物制氢装置产氢的影响

组别	水力滞留 时间/h	底物浓度 /（g/L）	有机负荷率 /［g/（L·d）］	产氢速率 /［mol/（m³·d）］	产氢量 /（mmol/g）
1	72	10	3.3	64.13±4.58	19.43±1.39
2	48	10	5	83.48±5.84	16.70±1.17
3	24	10	10	104.7±4.72	10.47±0.47
4	24	15	15	137.69±2.89	9.18±0.19
5	24	20	20	148.65±4.19	7.43±0.21
6	24	25	25	128.64±4.17	5.15±0.17

从表4-4可以看出，当底物浓度为10g/L时，随着水力滞留期从72h下降为24h，有机负荷率从3.3g/（L·d）增加为10g/（L·d），产氢速率从（64.13±4.58）mol/（m³·d）增加为（104.7±4.72）mol/（m³·d），但是产氢率从（19.43±1.39）mmol/g下降为（10.47±0.47）mmol/g（图4-11）。张志萍等在折流板式光合发酵产氢装置中研究了水力滞留时间对HAU-M1光合细菌产氢的影响，得到最佳水力滞留时间为24h，此时产氢速率为185.71mol/（m³·d）[9]。当水力滞留期为24h时，随着底物浓度从10g/L增加为25g/L，有机负荷率从10g/（L·d）增加为25g/（L·d），产氢速率从（104.7±4.72）mol/（m³·d）增加为（148.65±4.19）mol/（m³·d），然后又下降为（128.64±4.17）mol/（m³·d），产氢速率从（10.47±0.47）mmol/g下降为（5.15±0.17）mmol/g。试验结果表明，有机负荷率对折流板式光合生物制氢装置连续产氢具有很大影响，只有适宜的有机负荷率才能使制氢装置得到最大的产氢速率[21]。

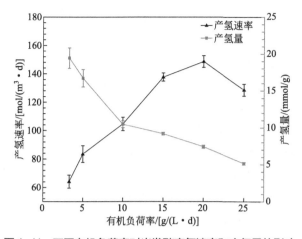

图4-11　不同有机负荷率对光发酵产氢速率和产氢量的影响

参考文献

［1］ Lu C, Jiang D, Jing Y, et al. Enhancing photo-fermentation biohydrogen production from corn stalk by iron ion[J]. Bioresource Technology, 2022, 345: 126457.

［2］ Zhang Q G, Zhu S N, Zhang Z P, et al. Enhancement strategies for photo-fermentative biohydrogen production: A review[J]. Bioresource Technology, 2021, 340: 125601.

［3］ Demirbas A. Biofuels sources, biofuel policy, biofuel economy and global biofuel projections[J]. Energy Conversion and Management, 2008, 49 (8): 2106-2116.

［4］ Hosseini S E, Wahid M A, Jamil M M, et al. A review on biomass-based hydrogen production for renewable energy supply[J]. International Journal of Energy Research, 2015, 39 (12): 1597-1615.

［5］ Nicoletti G, Arcuri N, Nicoletti G, et al. A technical and environmental comparison between hydrogen and some fossil fuels[J]. Energy Conversion and Management, 2015, 89: 205-213.

［6］ Pattanamanee W, Chisti Y, Choorit W. Photofermentive hydrogen production by *Rhodobacter sphaeroides* S10 using mixed organic carbon: Effects of the mixture composition[J]. Applied Energy, 2015, 157: 245-254.

［7］ Trchounian K, Trchounian A. Hydrogen production from glycerol by *Escherichia coli* and other bacteria: An overview and perspectives[J]. Applied Energy, 2015, 156: 174-184.

［8］ Hallenbeck P C, Liu Y. Recent advances in hydrogen production by photosynthetic bacteria[J]. International Journal of Hydrogen Energy, 2016, 41 (7): 4446-4454.

[9] Zhang Z P, Wang Y, Hu J J, et al. Influence of mixing method and hydraulic retention time on hydrogen production through photo-fermentation with mixed strains[J]. International Journal of Hydrogen Energy, 2015, 40 (20): 6521-6529.

[10] Guo C L, Cao H X, Pei H S, et al. A multiphase mixture model for substrate concentration distribution characteristics and photo-hydrogen production performance of the entrapped-cell photobioreactor[J]. Bioresource Technology, 2015, 181: 40-46.

[11] Krujatz F, Hartel P, Helbig K, et al. Hydrogen production by *Rhodobacter sphaeroides* DSM 158 under intense irradiation[J]. Bioresource Technology, 2015, 175: 82-90.

[12] Lazaro C Z, Varesche M B A, Silva E L. Effect of inoculum concentration, pH, light intensity and lighting regime on hydrogen production by phototrophic microbial consortium[J]. Renewable Energy, 2015, 75: 1-7.

[13] 路朝阳, 王毅, 荆艳艳, 等. 基于BBD模型的玉米秸秆光合生物制氢优化实验研究[J]. 太阳能学报, 2014, 35 (8): 1511-1516.

[14] Lu C Y, Zhang Z P, Zhou X H, et al. Effect of substrate concentration on hydrogen production by photo-fermentation in the pilot-scale baffled bioreactor[J]. Bioresource Technology, 2018, 247: 1173-1176.

[15] Zhang Q G, Wang Y, Zhang Z P, et al. Photo-fermentative hydrogen production from crop residue: A mini review[J]. Bioresource Technology, 2017, 229: 222-230.

[16] Liu B F, Ren N Q, Tang J, et al. Bio-hydrogen production by mixed culture of photo- and dark-fermentation bacteria[J]. International Journal of Hydrogen Energy, 2010, 35 (7): 2858-2862.

[17] Kapdan I K, Kargi F, Oztekin R, et al. Bio-hydrogen production from acid hydrolyzed wheat starch by photo-fermentation using different *Rhodobacter* spp. [J]. International Journal of Hydrogen Energy, 2009, 34 (5): 2201-2207.

[18] Mathews J, Wang G Y. Metabolic pathway engineering for enhanced biohydrogen production[J]. International Journal of Hydrogen Energy, 2009, 34 (17): 7404-7416.

[19] Wang Y, Zhou X H, Lu C Y, et al. Screening and optimization of mixed culture of photosynthetic bacteria and its characteristics of hydrogen production Using Cattle Manure Wastewater[J]. Journal of Biobased Materials and Bioenergy, 2015, 9 (1): 82-87.

[20] Aguilar M A R, Fdez-Guelfo L A, Alvarez-Gallego C J, et al. Effect of HRT on hydrogen production and organic matter solubilization in acidogenic anaerobic digestion of OFMSW[J]. Chemical Engineering Journal, 2013, 219: 443-449.

[21] Lin P J, Chang J S, Yang L H, et al. Enhancing the performance of pilot-scale fermentative hydrogen production by proper combinations of HRT and substrate concentration[J].

International Journal of Hydrogen Energy, 2011, 36 (21): 14289-14294.

[22] Zhang Z P, Yue J Z, Zhou X H, et al. Photo-fermentative bio-hydrogen production from agricultural residue enzymatic hydrolyzate and the enzyme reuse[J]. Bioresources, 2014, 9 (2): 2299-2310.

[23] Karlsson A, Vallin L, Ejlertsson J. Effects of temperature, hydraulic retention time and hydrogen extraction rate on hydrogen production from the fermentation of food industry residues and manure[J]. International Journal of Hydrogen Energy, 2008, 33 (3): 953-962.

[24] Lin C Y, Wu S Y, Lin P J, et al. A pilot-scale high-rate biohydrogen production system with mixed microflora[J]. International Journal of Hydrogen Energy, 2011, 36 (14): 8758-8764.

[25] Ferraz A D N, Etchebehere C, Zaiat M. Mesophilic hydrogen production in acidogenic packed-bed reactors (APBR) using raw sugarcane vinasse as substrate: Influence of support materials[J]. Anaerobe, 2015, 34: 94-105.

[26] Li J Z, Ren N Q, Li B K, et al. Anaerobic biohydrogen production from monosaccharides by a mixed microbial community culture[J]. Bioresource Technology, 2008, 99 (14): 6528-6537.

[27] Vatsala T M, Raj S M, Manimaran A. A pilot-scale study of biohydrogen production from distillery effluent using defined bacterial co-culture[J]. International Journal of Hydrogen Energy, 2008, 33 (20): 5404-5415.

[28] Mariakakis I, Bischoff P, Krampe J, et al. Effect of organic loading rate and solids retention time on microbial population during bio-hydrogen production by dark fermentation in large lab-scale[J]. International Journal of Hydrogen Energy, 2011, 36 (17): 10690-10700.

[29] Sivagurunathan P, Sen B, Lin C Y. High-rate fermentative hydrogen production from beverage wastewater[J]. Applied Energy, 2015, 147: 1-9.

[30] Lu C Y, Zhang H, Zhang Q G, et al. An automated control system for pilot-scale biohydrogen production: Design, operation and validation[J]. International Journal of Hydrogen Energy, 2020, 45 (6): 3795-3806.

[31] Lu C. Photosynthetic biological hydrogen production reactors, systems, and process optimizatio [J]. Waste to Renewable Biohydrogen, 2021: 201-223.

[32] Zhang Q G, Lu C Y, Lee D J, et al. Photo-fermentative hydrogen production in a 4m³ baffled reactor: Effects of hydraulic retention time[J]. Bioresource Technology, 2017, 239: 533-537.

[33] Argun H, Kargi F. Effects of light source, intensity and lighting regime on bio-hydrogen production from ground wheat starch by combined dark and photo-fermentations[J]. International Journal of Hydrogen Energy, 2010, 35 (4): 1604-1612.

[34] Zhang K, Ren N Q, Wang A J. Fermentative hydrogen production from corn stover hydrolyzate by two typical seed sludges: Effect of temperature[J]. International Journal of

Hydrogen Energy, 2015, 40 (10): 3838-3848.

[35] Gilroyed B H, Chang C, Chu A, et al. Effect of temperature on anaerobic fermentative hydrogen gas production from feedlot cattle manure using mixed microflora[J]. International Journal of Hydrogen Energy, 2008, 33 (16): 4301-4308.

[36] Badiei M, Jahim J M, Anuar N, et al. Effect of hydraulic retention time on biohydrogen production from palm oil mill effluent in anaerobic sequencing batch reactor[J]. International Journal of Hydrogen Energy, 2011, 36 (10): 5912-5919.

[37] Lu C Y, Jing Y Y, Zhang H, et al. Biohydrogen production through active saccharification and photo-fermentation from alfalfa[J]. Bioresource Technology, 2020, 304: 123007.

[38] La Licata B, Sagnelli F, Boulanger A, et al. Bio-hydrogen production from organic wastes in a pilot plant reactor and its use in a SOFC[J]. International Journal of Hydrogen Energy, 2011, 36 (13): 7861-7865.

[39] 路朝阳, 王毅, 曹明, 等. 酸碱度对玉米秸秆酶解液光合生物产氢动力学的影响[J]. 安全与环境学报, 2016, 16 (3): 262-266.

[40] Reungsang A, Sittijunda S, O-thong S. Bio-hydrogen production from glycerol by immobilized Enterobacter aerogenes ATCC 13048 on heat-treated UASB granules as affected by organic loading rate[J]. International Journal of Hydrogen Energy, 2013, 38 (17): 6970-6979.

第 5 章

连续流暗 / 光联合生物制氢试验研究

暗发酵产氢细菌在降解糖类物质转化为氢气和二氧化碳的同时，产生大量的挥发性脂肪酸等副产物，这些挥发性脂肪酸携带了大量的能量，这就导致了暗发酵生物制氢转化效率低的问题[1,2]。光合产氢细菌可以利用这些暗发酵反应中的挥发性脂肪酸进一步地产氢，这样就大幅度提高了产氢底物的转化效率[3,4]。

水解温度、稀释比、明/暗循环和光照度等对暗/光联合生物制氢具有很大的影响[5]。研究者发现，暗/光联合生物制氢可以大大提高底物COD的去除率[6]，暗/光联合生物制氢可以完全降解乙酸和丁酸等可溶性脂肪酸，同时底物的热值转化效率也得到大大提高[7]。纤维素酶水解时间等因素对纤维素类生物质暗/光联合生物制氢的产氢性能也有很大的影响[8]。另外，研究者们发现，暗发酵细菌和光发酵细菌联合培养也会大大提高底物的转化率[9]。通过研究发现，暗/光联合生物制氢的底物转化率比单一的暗发酵生物制氢显著提高，值得进一步深入研究。

本章采用活性污泥暗发酵产氢废液作为光发酵的产氢底物，以HAU-M1作为光合产氢细菌，研究了连续流暗/光多模式生物制氢试验装置的产氢性能，分析了产氢过程的气相（产气速率、氢气浓度、产氢速率）特性和液相（pH值、氧化还原电位、生物量浓度、还原糖浓度、挥发性脂肪酸）特性的变化。试验研究结果可为研究连续流暗/光多模式生物制氢提供一定的理论和技术依据。

5.1 连续流暗/光联合生物制氢装置对产氢速率的影响

图5-1展示了在水力滞留时间为24h，底物浓度为10g/L条件下的暗/光联合生物制氢不同反应室产氢速率变化情况。暗发酵反应室#1 ~ #3和光发酵反应室#4 ~ #7的产氢速率在平稳运行的第4d开始均比较稳定，分别达到了26.10mol/(m³·d)，50.82mol/(m³·d)，44.41mol/(m³·d)，30.35mol/(m³·d)，36.73mol/(m³·d)，22.90mol/(m³·d)，7.39mol/(m³·d)。在暗发酵反应室#1中，暗发酵细菌降解葡萄糖，用来自身生长代谢和产氢，并产生挥发性脂肪酸。在反应室#2中，暗发酵细菌生物量浓度达到了较高值，此时反应液的环境也适宜产氢，产氢速率较高。在反应室#3中，挥发性脂肪酸的积累导致pH值下降，从而产氢量降低。在光发酵反应室#4中，光合细菌首先进行自身代谢生长，然后在反应室#5和#6中快速产氢，在#7中由于挥发性脂肪酸浓度的下降和抑制物的增多，导致产氢量的降低。

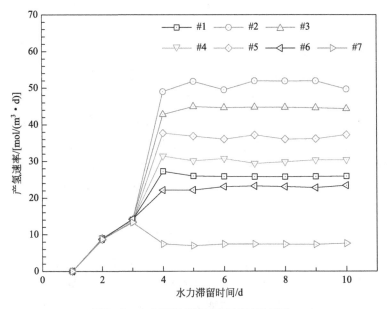

图5-1 水力滞留时间对产氢速率的影响

5.2 连续流暗/光联合生物制氢装置对产氢浓度的影响

图5-2展示了暗/光联合生物制氢过程中不同反应室氢气浓度的变化情况。光发酵反应室#7氢气浓度为31.47%，明显低于其他反应室氢气浓度，其他反应室的氢气浓度维持在38%～45%之间。这可能是因为在#7反应室中的抑制物浓度较高，光合细菌的代谢途径发生改变，产氢速率降低，氢气浓度下降。

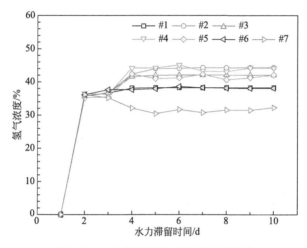

图5-2 水力滞留时间对氢气浓度的影响

5.3 连续流暗/光联合生物制氢对反应液氧化还原电位的影响

图5-3展示了暗/光发酵联合生物制氢过程中不同反应室的氧化还原电位的变化趋势。#1反应室的氧化还原电位较高，为-382.72mV，其他反应室拥有较低的氧化还原电位，维持在-420～-455mV之间。#1反应室较高的氧化还原电位和较低的产氢量说明较低的氧化还原电位有利于生物制氢的进行。在文献中发现了相似的现象，在较低的氧化还原电位（-460mV）的条件下获得了较高的产氢速率[12.27mmol/（L·h），水力滞留时间5h][10]。在另一项研究中，产氢反应液的pH值被控制在6.0，氧化还原电位维持在-440～-530mV时，暗发酵产氢可以

很好地运行[11]。还原电位是表征生化反应的一个重要参数，它反映了反应液中电子得失情况。在发酵产氢过程中，产氢反应液中NADH电子的积累使还原电位不断下降，有利于保持脱氢酶的活性，形成有益于微生物制氢的微环境。

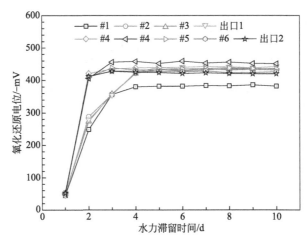

图5-3　水力滞留时间对氧化还原电位的影响

5.4　连续流暗/光联合生物制氢对反应液生物量的影响

图5-4展示了暗/光发酵联合生物制氢过程中不同反应室生物量浓度的变化趋势。暗发酵反应室取样口的数值分别为1.25g/L、1.31g/L、1.52g/L、1.53g/L，

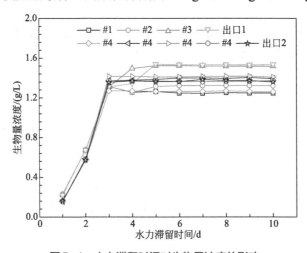

图5-4　水力滞留时间对生物量浓度的影响

光发酵反应室取样口的数值分别为1.26g/L、1.39g/L、1.41g/L、1.37g/L、1.37g/L。生物量浓度表征了反应液中细菌的浓度，与反应器的产氢性能有着密切的关系。通过结果数据对比分析可以知道，生物量浓度与产氢速率基本呈现正比关系。

5.5 连续流暗/光联合生物制氢单因素方差分析

从表5-1中可以看出，试验通过单因素方差分析，研究了暗/光联合生物制氢过程中各个反应室的产氢速率、氢气浓度、氧化还原电位、生物量浓度等工艺参数影响的显著性。产氢速率的P值均远小于0.001，$F > F_{crit}$，表明各个反应室之间的产氢速率具有较大的差异性，对产氢速率影响较大。氢气浓度、氧化还原电位、生物量浓度的P值接近于1，表明不同反应室之间的这些参数差异性较小，影响不够显著。

表5-1 方差分析

项目	产氢速率	氢气浓度	氧化还原电位	生物量浓度
F	5.594245	0.614786	0.323276	0.262475
P	0.000106	0.717621	0.95494	0.976103
F_{crit}	2.246408	2.246408	2.054882	2.054882

5.6 连续流暗/光联合生物制氢对挥发性脂肪酸的影响

图5-5展示了暗/光联合生物制氢过程中不同反应室的乙酸和丁酸浓度的变化情况。在暗发酵反应室#1 ～ #3中，乙酸和丁酸浓度均呈现连续增长的趋势。随后暗发酵反应液和光合细菌以3：1的体积比进行混合后，进入光发酵反应室。随着光合产氢的进行，光发酵反应室#4 ～ #7的乙酸和丁酸浓度呈现连续下降趋势。Su等在暗/光联合生物制氢中乙酸和丁酸的去除率分别达到了92.3%和99.8% [7]。

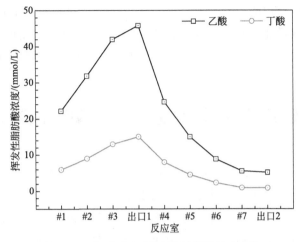

图5-5　暗/光联合生物制氢脂肪酸浓度变化

参考文献

[1] Lu C Y, Wang Y, Lee D J, et al. Biohydrogen production in pilot-scale fermenter: Effects of hydraulic retention time and substrate concentration[J]. Journal of Cleaner Production, 2019, 229: 751-760.

[2] Lu C Y, Zhang H, Zhang Q G, et al. Optimization of biohydrogen production from cornstalk through surface response methodology[J]. Journal of Biobased Materials and Bioenergy, 2019, 13 (6): 830-839.

[3] Lu C, Jiang D, Jing Y, et al. Enhancing photo-fermentation biohydrogen production from corn stalk by iron ion[J]. Bioresource Technology, 2022, 345: 126457.

[4] Lu C Y, Li W Z, Zhang Q G, et al. Enhancing photo-fermentation biohydrogen production by strengthening the beneficial metabolic products with catalysts[J]. Journal of Cleaner Production, 2021, 317: 128437.

[5] Liu B F, Ren N Q, Xie G J, et al. Enhanced bio-hydrogen production by the combination of dark- and photo-fermentation in batch culture[J]. Bioresource Technology, 2010, 101 (14): 5325-5329.

[6] Chen C Y, Yang M H, Yeh K L, et al. Biohydrogen production using sequential two-stage dark and photo fermentation processes[J]. International Journal of Hydrogen Energy, 2008, 33 (18): 4755-4762.

[7] Su H B, Cheng J, Zhou J H, et al. Combination of dark- and photo-fermentation to enhance hydrogen production and energy conversion efficiency[J]. International Journal of Hydrogen Energy, 2009, 34 (21): 8846-8853.

[8] Yang H H, Shi B F, Ma H Y, et al. Enhanced hydrogen production from cornstalk by dark- and photo-fermentation with diluted alkali-cellulase two-step hydrolysis[J]. International Journal of Hydrogen Energy, 2015, 40 (36): 12193-12200.

[9] Zagrodnik R, Laniecki M. The effect of pH on cooperation between dark- and photo-fermentative bacteria in a co-culture process for hydrogen production from starch[J]. International Journal of Hydrogen Energy, 2017, 42 (5): 2878-2888.

[10] Wang B, Li Y, Ren N. Biohydrogen from molasses with ethanol-type fermentation: Effect of hydraulic retention time[J]. International Journal of Hydrogen Energy, 2013, 38 (11): 4361-4367.

[11] Lin C Y, Wu S Y, Lin P J, et al. A pilot-scale high-rate biohydrogen production system with mixed microflora[J]. International Journal of Hydrogen Energy, 2011, 36 (14): 8758-8764.

第 **6** 章
结论与应用

6.1　结论

本书利用计算流体力学技术对连续流暗/光多模式生物制氢装置进行了流场模拟优化，从而得到最佳的装置结构，然后建造了10m³的连续流暗/光多模式生物制氢试验装置。利用太阳能集热技术为制氢装置提供供热支持，利用太阳能光伏发电技术为制氢装置提供电力支持，利用太阳能聚光技术满足制氢装置的照明需求，利用自动控制技术实现了制氢过程的自动检测、调控等技术需求。装置利用太阳能技术极大地降低了运行成本，利用自动化控制技术实现了装置的高效稳定运行。

本书利用计算流体力学软件FLUENT分别对暗发酵反应室和光发酵反应室内的速度场和浓度场进行了模拟，从流体力学角度对制氢装置系统进行了调控计算，揭示了制氢装置产氢过程中流场的变化过程；利用在线检测系统测量了产气速率、氢气含量、pH值、氧化还原电位、温度、液位等基本参数，并与使用手动方法的数据进行了比较，评价自动化控制系统的有效性；分别研究了水力滞留时间、底物浓度和有机负荷率对暗发酵制氢和光发酵制氢的影响，并研究了连续流暗/光多模式生物制氢，提高了制氢装置的制氢性能；利用Monod方程对产氢过程中的稳态质量平衡进行了分析；采用光谱耦合技术和光导纤维多点布光技术，提高了光发酵制氢装置内光照利用率。本书的研究结果可为连续流暗/光多模式生物制氢的发展提供了较好的理论和技术支持。研究结论总结如下：

（1）利用计算流体力学软件FLUENT对连续流暗/光多模式生物制氢试验装置进行了计算。从暗发酵生物制氢装置速度场的云图分析可以看出，随着时间的推移，菌种和产氢培养基逐渐在反应室中形成稳定的层流流场，最终趋于稳定。对比不同水力滞留时间条件下的暗发酵反应室的速度流场云图可以看出，随着水力滞留时间从48h降低为24h，暗发酵反应室中的速度流场不断增强，涡流增多，而当水力滞留时间进一步缩短为12h时，反应室中的速度流场和涡流又有减弱，涡流的增强对提高产氢速率有积极的作用。同样对比不同水力滞留时间条件下的光发酵生物制氢装置的速度流场云图可以看出，4个反应室中的速度云图没有显著的差异，每个反应室具有一个大的涡流，但是随着水力滞留时间由72h变为24h，反应室内反应液速度不断变快。在反应室之间的连接部位，通道变窄导致液体流速加快，而在反应室箱体中，由于通道很大，速度变得很慢，这就促进了制氢装置中产氢培养基和产氢细菌的充分混合。水力滞留时间对暗发酵反应室的流场影响较大，而对光发酵反应室的流场影响较小。

（2）建造了一个折流板式的连续流暗/光多模式生物制氢试验装置，其中包含1个暗发酵制氢装置（3个串联的有效体积均为1m³的反应室）和1个光发酵制氢装置（2组串联的有效体积均为4m³的反应室）。利用太阳能和风能等可再生能源满足制氢装置制氢必需的保温、光照、电力等需求。制氢装置自动控制装置包含自动控制和检测系统，能够实现制氢过程中制氢装置的进料、搅拌和数据检测等功能，节省了大量的人力和物力[1]。

（3）研究了水力滞留时间和底物浓度对折流板式连续流暗发酵制氢装置的影响。在温度为35℃、初始pH值为7、底物浓度为10g/L的条件下，研究了水力滞留时间（12～48h）对暗发酵生物制氢的影响。结果表明随着水力滞留时间从48h缩短为12h，生物制氢装置产氢速率呈现先增大后减小的趋势，当水力滞留时间为24h时，达到最大产氢速率为40.45mol/(m³·d)。设定最佳水力滞留时间为24h后，研究了底物浓度（10～40g/L）对暗发酵生物制氢的影响，结果表明当底物浓度为10～30g/L时，产氢速率随着底物浓度的增加而增大，当底物浓度增加到40g/L时，产氢速率开始下降。当底物浓度为30g/L时，得到最大的产氢速率100.16mol/(m³·d)。各反应室的发酵成分、pH值、氧化还原电位和产氢速率都有显著的差异。试验结果为连续流暗发酵生物制氢奠定了理论基础[2]。

（4）研究了水力滞留时间和底物浓度对折流板式连续流光发酵制氢装置的

影响。在温度为30℃、初始pH值为7、底物浓度为10g/L的条件下，研究了水力滞留时间（24～72h）对光发酵生物制氢的影响。当水力滞留期从72h降为48h时，光合生物制氢装置的产氢速率从64.29mol/（m³·d）增长为83.48mol/（m³·d），当水力滞留期缩短为24h时，得到最大产氢速率104.91mol/（m³·d）。当水力滞留期为72h时，得到最大的产氢速率为#1反应室的181.25mol/（m³·d），此时氢气浓度为（49.47±0.37）%，pH值为4.37，氧化还原电位为-474.43mV，生物量浓度为2.64g/L。在温度为30℃、初始pH值为7、水力滞留时间为24h的条件下，研究了底物浓度（10～25g/L）对光发酵生物制氢的影响。光合生物制氢装置产氢速率随着底物浓度增加，呈现先增大后减小的趋势。随着有机负荷率的增大，光合生物制氢装置的产氢速率先增大后减小，产氢量则逐渐变小。当有机负荷率为3.3g/（L·d）（水力滞留期为72h，底物浓度为10g/L）时，光合生物制氢装置得到最小产氢速率（64.13±4.58）mol/（m³·d），此时却得到最大产氢量为（19.43±1.39）mmol/g。当有机负荷率为20g/（L·d）（水力滞留期为24h，底物浓度为20g/L）时，光合生物制氢装置得到最大产氢速率（148.65±4.19）mol/（m³·d）。试验结果为连续流光发酵生物制氢奠定了理论基础 [3,4]。

（5）研究了连续流暗/光联合生物制氢对产氢的影响。在水力滞留时间和底物浓度分别为24h和10g/L时，暗发酵的产氢速率为40.45mol/（m³·d），氧化还原电位维持在-380～-439mV，生物量浓度维持在1.25～1.52g/L，产氢后的乙酸和丁酸浓度分为45.83mol/L和15.00mol/L。在乙酸和丁酸浓度分别为34.37mol/L和11.25mol/L时，光发酵的产氢速率为24.34mol/（m³·d），氧化还原电位维持在-420～-455mV，生物量浓度维持在1.26～1.41g/L，产氢结束后乙酸和丁酸的去除率分别达到85.10%和93.16%。试验结果为暗/光联合生物制氢奠定了理论基础。

本书对暗/光联合生物制氢装置进行了数值模拟、设计、建造、试验验证，但是在菌落演变和流场模拟等方面仍然建议进行进一步的研究。

（1）暗发酵和光发酵制氢过程中，对气体和液体的特性进行了研究，对生物量进行了跟踪研究。在后续的试验中建议进一步在不同时间点和反应室中提取菌落的DNA样品进行深入的研究，以探究产氢过程中菌落的演变过程。

（2）利用FLUENT软件对产氢过程进行速度场模拟的过程中，将反应液统一看作液体，忽略了其中固态菌落的特性。建议在后期的模拟研究中，建立更加详细的速度场模型。

6.2 应用

本书结果有助于从实验室扩大到中试规模，再到半工业规模，再到全规模的发展。近年来，作者及其团队在生物制氢的研究方面做了很多的工作：①技术方面，筛选了适用于光合生物制氢的高效产氢菌落；研究了不同废弃物的生物制氢可行性，包括玉米秸秆[6]、三球悬铃木[7]、小球藻[8]、芦竹[9]、腐烂水果[5]等；研究生物制氢工艺条件优化，例如温度、pH值、光照度、底物浓度、水力滞留时间、预处理等[3,10]。②装备方面，设计建造了目前世界上最大体积的暗/光联合生物制氢装置，利用太阳能为制氢装置提供保温、光照、供电等技术要求，利用自动化控制技术实现了装置的高效低成本稳定运行[1-4]，为绿色生物氢能科学技术研究与应用开拓了新途径，推动了生物氢能产业发展。③理论方面，研究了不同粒径及不同底物浓度的生物质多相流光合产氢体系的黏度变化规律，分析了产氢过程秸秆类生物质粉体的粒径、热重、红外光谱及热值，提出了生物制氢"热效应"理论；采用生物质超微化粉碎与酶解相结合的预处理以及光谱耦合滤光调控等技术，研究了不同波长光源与光合细菌生长和光合生物制氢的光谱耦合关系，提出了生物制氢"光谱耦合"理论；采用FLUENT软件混合模型（MIXTURE），研究了折流板式光合生物制氢反应器中超微秸秆产氢体系流体的流变特性，对超微化秸秆连续光合产氢体系流体运动速度场和浓度场的分布规律进行了模拟研究，提出了生物制氢"多相流产氢"理论；在农业废弃物资源化技术领域提出了农业废弃物多联产"双元循环"理论，构建了秸秆类农业废弃物燃料化-肥料化-基料化多联产工艺技术体系，研发出辅热集箱式、双效增温式等多联产装备，取得了显著的社会、生态和经济效益，促进了农业废弃物资源化技术进步，对发展低碳型生态农业与乡村振兴具有重要意义。

除此之外，团队在氢烷联产、氢醇联产、甲醇制氢、车用氢能等方面进行了大量的探索工作。生物制氢与生物制甲烷相结合进行氢烷联产，沼气和氢气利用相结合，从而提高燃气热值。生物制氢还可以用于医疗方面，用于医疗保健。生物制氢还可以用于氢燃料电池等方面。相较于传统的甲醇制氢、天然气制氢、电解水制氢等方式，生物制氢具有成本低、制氢工艺条件温和、不依赖化石能源等诸多优点。

参考文献

[1] Lu C Y, Zhang H, Zhang Q G, et al. An automated control system for pilot-scale biohydrogen production: Design, operation and validation[J]. International Journal of Hydrogen Energy, 2020, 45（6）: 3795-3806.

[2] Lu C Y, Wang Y, Lee D J, et al. Biohydrogen production in pilot-scale fermenter: Effects of hydraulic retention time and substrate concentration[J]. Journal of Cleaner Production, 2019, 229: 751-760.

[3] Zhang Q G, Lu C Y, Lee D J, et al. Photo-fermentative hydrogen production in a 4m^3 baffled reactor: Effects of hydraulic retention time[J]. Bioresource Technology, 2017, 239: 533-537.

[4] Lu C Y, Zhang Z P, Zhou X H, et al. Effect of substrate concentration on hydrogen production by photo-fermentation in the pilot-scale baffled bioreactor[J]. Bioresource Technology, 2018, 247: 1173-1176.

[5] Lu C Y, Zhang Z P, Ge X M, et al. Bio-hydrogen production from apple waste by photosynthetic bacteria HAU-M1[J]. International Journal of Hydrogen Energy, 2016, 41（31）: 13399-13407.

[6] Lu C, Jiang D, Jing Y, et al. Enhancing photo-fermentation biohydrogen production from corn stalk by iron ion[J]. Bioresource Technology, 2022, 345: 126457.

[7] Li Y M, Zhang Z P, Jing Y Y, et al. Statistical optimization of simultaneous saccharification fermentative hydrogen production from *Platanus orientalis* leaves by photosynthetic bacteria HAU-M1[J]. International Journal of Hydrogen Energy, 2017, 42（9）: 5804-5811.

[8] Liu H, Zhang H, Zhang Z P, et al. Optimization of hydrogen production performance of *Chlorella vulgaris* under different hydrolase and inoculation amount[J]. Journal of Cleaner Production, 2021, 310: 127293.

[9] Jiang D P, Yue T, Zhang Z P, et al. A strategy for successive feedstock reuse to maximize photo-fermentative hydrogen production of *Arundo donax* L.[J]. Bioresource Technology, 2021, 329: 124878.

[10] Zhang Y, Zhang H, Lee D J, et al. Effect of enzymolysis time on biohydrogen production from photo-fermentation by using various energy grasses as substrates[J]. Bioresource Technology, 2020, 305: 123062.